高等学校计算机专业规划教材

软件工程实践教程

王卫红　江颉　董天阳　等编著

U0339129

Software Engineering
Practices

 机械工业出版社
China Machine Press

图书在版编目（CIP）数据

软件工程实践教程 / 王卫红等编著 . —北京：机械工业出版社，2015.8
（高等学校计算机专业规划教材）

ISBN 978-7-111-51371-1

I. 软… II. 王… III. 软件工程 – 高等学校 – 教材 IV. TP311.5

中国版本图书馆 CIP 数据核字（2015）第 207639 号

本书主要从基础实践和提高实践两个方面来阐述软件工程的相关知识。基础实践部分结合"公共自行车租赁系统"实例，详细讲解了软件工程的基础理论知识点，主要包括：软件需求获取、结构化系统分析、结构化系统设计、面向对象的软件分析、面向对象的软件设计和软件项目管理计划。提高实践部分选用了"基于 Android 的新生校园指南系统"和"基于 Web 方式的校企联合培养系统"作为实例，从需求获取、需求分析和系统设计三个方面深入讲解，结合每章最后的提高实践练习，着重培养学生的实践能力和创新能力，帮助学生掌握和巩固所学知识。

本书可作为高等院校软件工程等相关专业的教材，也可作为软件工程开发技术人员的参考资料。

出版发行：机械工业出版社（北京市西城区百万庄大街 22 号　邮政编码：100037）

责任编辑：李　艺	责任校对：殷　虹
印　　刷：北京瑞德印刷有限公司	版　　次：2015 年 9 月第 1 版第 1 次印刷
开　　本：185mm×260mm　1/16	印　　张：12.5
书　　号：ISBN 978-7-111-51371-1	定　　价：35.00 元

凡购本书，如有缺页、倒页、脱页，由本社发行部调换

客服热线：（010）88378991　88361066　　　　投稿热线：（010）88379604
购书热线：（010）68326294　88379649　68995259　　读者信箱：hzjsj@hzbook.com

前　言

软件工程是研究和应用如何以系统性、规范化、可定量的工程化方法开发和维护软件，以及如何把经过时间验证正确的管理技术和当前能够得到的先进技术、方法结合起来的综合性学科。在现代社会中，软件工程已应用于多个方面，带来了可观的经济效益，也引起了社会的重大变革。我们在教学过程中结合软件工程学科的教学培养目标及软件工程课程的特点，进行了教学改革，设计出 64 学时（40 理论学时 +24 实验学时）的教学计划。为适应这一调整，我们编写出软件工程实验教程讲义，并在 2010、2011、2012 级软件工程系 7 个班共计 600 多人中使用了该讲义。本书是在该讲义的基础上编写而成的。

全书主要包含两部分内容。

1）基础实践：软件工程重要环节的独立基础实践指导，内容涉及实用 CASE 工具使用说明、实例示范和实验要求。

2）提高实践：选取较为完整的两组实验项目作为实例，进行实践环节示范，并设置两组项目的评审要求和自选项目来提高学生的实践能力和创新能力。

本书可以让教师从案例剖析开始讲授每个知识点，随着对案例的分析逐渐提炼出理论知识，要求每位学生完成教材中相应的小型实验来验证已教授的理论观点，这一部分即基础实践部分。在理论授课的同时要求一组学生采取"项目小组"的形式，进行自选项目的设计开发，这一部分即提高实践部分。

本书第 1 ~ 6 章为基础实践部分，主要选用"公共自行车租赁系统"作为实例。关于各理论知识点的介绍，我们选择 Stephen R. Schach 的《软件工程：面向对象和传统的方法（原书第 8 版）》作为主要参考，强调了其中的部分重要内容。

第 7 ~ 12 章为提高实践部分，选用了"基于 Android 的新生校园指南系统"和"基于 Web 方式的校企联合培养系统"作为实例，内容和技术均不复杂，适合大学本科软件工程等相关专业二、三年级学生阅读和自主学习，侧重于培养学生的工程实践能力和创新能力。

限于出版篇幅，实际案例的视频演示和部分源程序代码以电子资料的形式出现，请登录华章网站（www. hzbook. com）下载。

除封面署名外，参与本书编写工作的还有林鹏、毛健锋、朱陈晨、姚佳洁、王浩、沈敖、林翼超等。由于笔者经验有限，书中纰漏之处还请读者批评指正。

编者

2015 年 2 月 1 日

教 学 建 议

教学章节	教学要求	实验学时
第 1 章 软件需求获取	1）掌握软件需求获取方法 2）掌握需求描述的基本工具 3）应用多种需求获取方法、技术和工具完成对小型实例的需求提取	2（实验）
第 2 章 结构化系统分析	1）掌握传统的结构化系统分析方法 2）掌握结构化系统分析工具 3）应用结构化系统分析方法、技术和工具完成对小型实例的结构化系统分析	2（实验）
第 3 章 结构化系统设计	1）掌握结构化设计原则和主要过程 2）掌握对系统总体结构、模块详细设计及数据库设计方法 3）掌握结构化系统设计工具 4）应用结构化系统设计方法、技术和工具完成小型实例的结构化系统设计	2（实验）
第 4 章 面向对象的软件分析	1）理解面向对象的需求分析过程 2）掌握用例图的基本概念和建模方法 3）掌握类图的基本概念，理解抽象类和接口，掌握类图的建模方法 4）掌握对象图的基本概念和建模方法 5）掌握顺序图、协作图的基本概念和建模方法 6）掌握活动图的基本概念和建模方法 7）应用面向对象分析方法、技术和工具完成小型实例的面向对象的软件分析	2（实验）
第 5 章 面向对象的软件设计	1）掌握面向对象设计的基本过程和方法 2）掌握面向对象设计方法 3）掌握详细设计的半形式化技术 4）了解软件设计的有关问题及启发式规则 5）应用面向对象设计方法、技术和工具完成小型实例的软件设计	2（实验）
第 6 章 软件项目管理计划	1）掌握软件项目管理计划的主要内容 2）掌握软件项目管理工具 3）应用项目管理工具制定小型实例的软件项目管理计划	2（实验）
第 7 章 基于 Android 的新生校园指南系统 需求获取	1）理解新生校园指南系统的需求获取 2）掌握软件产品需求文档的格式和标准 3）应用软件需求获取方法、技术和工具实现复杂系统的需求获取	4（实验）与第 10 章二选一

（续）

教学章节	教学要求	实验学时
第 8 章 基于 Android 的新生校园指南系统需求分析	1）理解新生校园指南系统的需求分析 2）掌握软件产品分析文档的格式和标准 3）应用软件需求分析方法、技术和工具实现复杂系统的需求分析	4（实验）与第 11 章二选一
第 9 章 基于 Android 的新生校园指南系统设计	1）理解新生校园指南系统的系统设计 2）掌握软件产品设计文档的格式和标准 3）应用软件设计方法、技术和工具实现复杂系统的系统设计	4（实验）与第 12 章二选一
第 10 章 基于 Web 方式的校企联合培养系统需求获取	1）理解校企联合培养系统的核心业务及需求获取方法 2）掌握软件产品需求文档的格式和标准 3）应用软件需求获取方法、技术和工具实现复杂系统的需求获取	4（实验）与第 7 章二选一
第 11 章 基于 Web 方式的校企联合培养系统需求分析	1）理解校企联合培养系统的需求分析和建模方法 2）掌握软件产品分析文档的格式和标准 3）应用软件需求分析方法、技术和工具实现复杂系统的需求分析	4（实验）与第 8 章二选一
第 12 章 基于 Web 方式的校企联合培养系统设计	1）理解校企联合培养系统的设计方法 2）掌握软件产品设计文档的格式和标准 3）应用软件设计方法、技术和工具实现复杂系统的系统设计	4（实验）与第 9 章二选一

目 录

前言

教学建议

第一部分 基础实践

第1章 软件需求获取 ……………………………………………………………………… 2

1.1 软件需求获取方法 ……………………………………………………………… 2

1.2 需求获取实例——公共自行车租赁系统 …………………………………… 3

1.2.1 公共自行车租赁系统应用领域理解 ……………………………………… 3

1.2.2 公共自行车租赁系统需求获取 ………………………………………… 3

1.2.3 建立业务模型 …………………………………………………………… 6

1.3 需求获取工具学习 ……………………………………………………………… 15

1.3.1 Rational Rose 工具概述 ………………………………………………… 15

1.3.2 使用 Rational Rose 绘制用例图 ……………………………………… 16

1.3.3 Visio 工具概述 …………………………………………………………… 20

1.3.4 使用 Visio 工具绘制用例图 …………………………………………… 21

1.4 软件需求获取实践 ……………………………………………………………… 29

第2章 结构化系统分析 …………………………………………………………………… 31

2.1 Gane 和 Sarsen 结构化系统分析方法概述 ………………………………… 31

2.2 结构化需求分析实例——公共自行车租赁系统 …………………………… 31

2.2.1 数据流图 ………………………………………………………………… 31

2.2.2 数据字典 ………………………………………………………………… 34

2.2.3 数据 E-R 图 ……………………………………………………………… 35

2.3 应用需求分析工具 ……………………………………………………………… 35

2.3.1 使用 Visio 创建数据流图 ……………………………………………… 35

2.3.2 使用 Visio 创建数据库模型图 ………………………………………… 39

2.4 结构化系统需求分析实践 ……………………………………………………… 41

第3章 结构化系统设计 …………………………………………………………………… 43

3.1 结构化设计原则和主要过程 …………………………………………………… 43

3.2 结构化系统设计实例——公共自行车租赁系统 ·· 44

3.2.1 系统结构图 ·· 44

3.2.2 模块详细设计 ·· 44

3.2.3 数据库设计 ·· 50

3.3 详细设计工具学习 ·· 51

3.3.1 用 Visio 工具绘制程序流程图 ·· 51

3.3.2 PDL 语言撰写 ·· 54

3.4 结构化系统设计实践 ·· 56

第 4 章 面向对象的软件分析 ··· 59

4.1 面向对象的软件分析方法概述 ·· 59

4.2 面向对象的软件分析实例——公共自行车租赁系统 ···································· 60

4.2.1 功能建模 ·· 60

4.2.2 实体类建模 ·· 65

4.2.3 动态建模 ·· 66

4.3 面向对象分析工具学习 ·· 70

4.3.1 使用 Rational Rose 创建类图 ·· 70

4.3.2 使用 Rational Rose 创建顺序图 ··· 72

4.3.3 使用 Rational Rose 创建协作图 ··· 73

4.3.4 使用 Rational Rose 创建状态图 ··· 74

4.4 面向对象的软件分析实践 ··· 76

第 5 章 面向对象的软件设计 ··· 78

5.1 面向对象的软件设计方法概述 ·· 78

5.2 面向对象的软件设计实例——公共自行车租赁系统 ···································· 79

5.2.1 实体类精化 ·· 79

5.2.2 协作图精化 ·· 83

5.2.3 顺序图精化 ·· 85

5.3 面向对象的软件设计实践 ··· 86

第 6 章 软件项目管理计划 ··· 88

6.1 软件项目管理计划概述 ·· 88

6.2 软件项目管理计划实例——公共自行车网站 ·· 89

6.3 软件项目管理工具学习 ·· 91

6.3.1 创建 Project 项目文件 ··· 91

6.3.2 创建项目日历 ·· 92

6.3.3 创建和编辑任务列表 ··· 93

6.3.4　创建周期性任务 ··· 93

6.3.5　创建任务间的层次关系 ·· 94

6.3.6　资源和成本管理 ··· 95

6.4　软件项目管理实践 ··· 96

第二部分　提高实践

第 7 章　基于 Android 的新生校园指南系统需求获取 ································ 100

7.1　引言 ·· 100

7.2　应用实例领域分析 ··· 100

7.3　功能性需求描述 ··· 102

7.3.1　校园指南系统客户端用例建模 ··· 102

7.3.2　校园指南系统服务器端用例建模 ··· 104

7.4　非功能性需求描述 ··· 105

7.5　需求获取提高实践 ··· 105

第 8 章　基于 Android 的新生校园指南系统需求分析 ································ 107

8.1　引言 ·· 107

8.2　类图 ·· 107

8.2.1　实体类建模 ··· 107

8.2.2　控制类建模 ··· 108

8.2.3　边界类建模 ··· 108

8.2.4　服务器端维护管理类图 ··· 108

8.3　顺序图 ··· 109

8.4　数据存储方式 ··· 114

8.5　需求分析提高实践 ··· 114

第 9 章　基于 Android 的新生校园指南系统设计 ·· 116

9.1　系统架构设计 ··· 116

9.2　系统功能结构 ··· 116

9.3　类图细化 ··· 117

9.3.1　边界类细化 ··· 117

9.3.2　控制类细化 ··· 118

9.3.3　实体类细化 ··· 118

9.4　数据存储设计 ··· 119

9.4.1　文件设计 ··· 119

　　9.4.2　数据库设计 ··· 119

　9.5　服务器端相关功能详细设计 ··· 119

　9.6　客户端相关功能详细设计 ··· 120

　　9.6.1　主要功能详细设计关键代码 ···································· 120

　　9.6.2　客户端界面 ··· 124

　9.7　项目设计提高实践 ··· 126

第 10 章　基于 Web 方式的校企联合培养系统需求获取 ··········· 128

　10.1　引言 ··· 128

　10.2　应用实例领域分析 ··· 128

　　10.2.1　学生和企业之间存在的问题 ·································· 128

　　10.2.2　如何解决学生和企业之间存在的问题 ······················ 129

　10.3　应用实例需求收集 ··· 129

　　10.3.1　用户特点 ·· 129

　　10.3.2　系统结构图 ·· 129

　10.4　应用实例需求描述 ··· 130

　　10.4.1　管理系统用户信息 ··· 130

　　10.4.2　企业项目管理 ·· 130

　　10.4.3　优秀学生管理 ·· 131

　　10.4.4　企业信息管理 ·· 131

　　10.4.5　学生信息管理 ·· 132

　　10.4.6　学生项目管理 ·· 132

　　10.4.7　关注企业管理 ·· 132

　　10.4.8　学院管理 ·· 133

　　10.4.9　企业管理 ·· 133

　　10.4.10　学校管理员信息管理 ·· 133

　　10.4.11　学生管理 ··· 133

　　10.4.12　学院项目管理 ··· 134

　　10.4.13　学院管理员信息管理 ·· 134

　10.5　用例图分析 ·· 134

　　10.5.1　管理系统用户信息用例 ·· 134

　　10.5.2　企业项目管理用例 ··· 134

　　10.5.3　优秀学生管理用例 ··· 135

　　10.5.4　企业信息管理用例 ··· 136

　　10.5.5　学生项目管理用例 ··· 136

　　10.5.6　学生信息管理用例 ··· 136

10.5.7 关注企业管理用例 ·· 136

10.5.8 学生管理用例 ··· 137

10.5.9 企业管理用例 ··· 137

10.5.10 学院管理用例 ·· 137

10.6 用例描述 ··· 138

10.6.1 管理系统用户信息 ·· 138

10.6.2 企业项目管理 ··· 139

10.6.3 优秀学生管理 ··· 141

10.6.4 企业信息管理 ··· 142

10.6.5 学生项目管理 ··· 142

10.6.6 学生信息管理 ··· 143

10.6.7 关注企业管理 ··· 144

10.6.8 学生管理 ··· 144

10.6.9 企业管理 ··· 146

10.6.10 学院管理 ·· 147

10.7 需求获取提高实践 ··· 148

第 11 章 基于 Web 方式的校企联合培养系统需求分析 ······················· 149

11.1 引言 ·· 149

11.2 实例类图分析 ··· 149

11.2.1 实体类建模 ··· 149

11.2.2 控制类建模 ··· 149

11.2.3 边界类建模 ··· 150

11.2.4 场景分析顺序图 ··· 150

11.2.5 实例类图 ··· 154

11.3 数据流图 ··· 158

11.4 数据分析 ··· 160

11.4.1 E-R 图 ··· 160

11.4.2 数据库表的设计 ··· 160

11.5 需求分析提高实践 ··· 162

第 12 章 基于 Web 方式的校企联合培养系统设计 ·························· 164

12.1 引言 ·· 164

12.2 应用实例面向对象的类详细设计 ····································· 164

12.2.1 实体类细化 ··· 164

12.2.2 控制类细化 ··· 166

12.2.3　边界类细化 ··· 169

12.3　系统模块设计综述 ·· 169

12.3.1　学生信息管理子系统 ··· 170

12.3.2　企业信息管理子系统 ··· 172

12.3.3　管理员管理子系统 ·· 174

12.4　用户界面设计 ·· 176

12.4.1　登录主界面 ··· 176

12.4.2　企业登录界面 ·· 176

12.4.3　学生登录界面 ·· 177

12.4.4　学校管理员登录界面 ··· 178

12.5　面向对象设计提高实践 ··· 178

附录　GB/T 8567—2006《计算机软件文档编制规范》面向对象分析文档节选 ·········· 180

参考文献 ··· 188

第一部分　基础实践

第1章 软件需求获取

1.1 软件需求获取方法

软件需求分析通常被认为是进入软件工程的首个关键点。软件需求分析的工作一般分成软件需求获取和软件需求分析两个递进过程。需求获取是发现用户真实需要的过程，也称需求捕获。对已经获取出来的需求做进一步研究，确定用户真正需要的过程称为需求分析。无论采用何种软件工程方法，需求获取均被认为是先于软件需求分析的步骤。

软件需求获取可以分成两个步骤：理解应用领域和建立商业过程模型。

例如，要开发一个移动终端的股票分析系统，首先需要对资本市场、移动增值服务有所了解，掌握一般的股票分析概念和相关术语；然后以多种需求获取方法获得用户需求，了解委托开发公司的各种商业过程后建立股票分析商业模型。可以用 UML 中的用例（Use Case）图、用例描述、活动图等来描述对业务模型的建模。

需求获取的方法是多样的，与项目涉及的应用领域、使用范围以及用户等相关。软件需求的获取方法主要分成以下几种：

1）直接与用户访谈和会谈。为了得到项目需求，可以与项目用户进行直接访谈。访谈一般分为程序式访谈和非程序式访谈。程序式访谈可以预先针对项目需求提出若干意见，要求用户做出明确的答复。非程序式访谈可以由组织者先引出问题，鼓励用户发散性回答。访谈完成后，应根据访谈内容进行会议纪要，并得到用户的书面确定。如果项目有不同的用户群，可以根据需要进行联合会谈，联合会谈中项目需求分析师的引导有着重要的作用。

2）用户工作环境体验和资料采集。可以进入用户实际工作环境，观察用户现有处理相关事务的业务流程，搜集用户经常使用的表格、存档文件、展示品、音视频等资料，这对深入了解应用领域、建立商业模型有积极的作用。在实际体验和信息采集过程中，要注意保持友好的态度和行为，和用户建立信任关系，取得用户对项目开发的支持。

3）潜在用户调查报告。如果项目没有明确的直接用户，可以对潜在用户进行调查。针对项目涉及的应用领域，对用户进行调研，例如潜在用户对计算机的使用频率、使用习惯及对未来产品的期望等。

4）市场相关产品调研。可以对要开发项目的相似产品进行市场调研，获悉产品的大致功能、产品用户群、所采用的技术以及市场占有率等。从网上获得类似产品的相关信息也是目前获取项目需求的一种非常便捷的方法。

5）快速原型方法。在客户或者用户对项目需求不明确时，采用快速原型方法建立项目原型系统，启发用户通过直接体验来表达出清晰的需求是一种非常有效的方法。在建立快速原型时，可以忽略项目实现的细节和采用的编程语言。获取明确的用户需求是建立原型模型最主要的任务。

为了能够描述这些需求，并进一步交流和分析，我们可以借助 UML 中的用例图、用例描述，通过多次迭代过程来逐步加深对用户需求的理解和表达。

1.2 需求获取实例——公共自行车租赁系统

1.2.1 公共自行车租赁系统应用领域理解

在正式开发系统之前，我们需要对系统建立初始理解，即对项目所处的应用领域有一个基本的了解。利用术语表对该领域中的应用技术词汇进行解释，能有效减少客户和开发人员之间的误解，使开发人员尽快学习应用领域相关知识。在后续开发过程中开发人员可以更新术语表、新增术语或者更改错误和过时的术语，这有益于建立系统的业务模型。

以建立一个公共自行车租赁系统为例，在进行正式访谈、对系统做需求分析之前，首先要对系统的整个应用领域有所了解。通过查阅文献我们可以了解到公共自行车系统（Public Bicycle System，PBS）的建立始于欧洲。1965 年 7 月 28 日，荷兰阿姆斯特丹（一个无政府主义组织）首次将一批自行车免费发放给市民使用，这一行为后来被视为公共自行车系统的雏形。以公共自行车作为工具来缓解交通压力，是我们对公共自行车租赁系统的最初认识。由此，可以展开对租赁和交通工具这两大应用领域的探究。

首先租赁属于服务业范畴。经过概念探究我们知道，租赁是"按照达成的契约协定，出租人把拥有的特定财产在特定时期内的使用权转让给承租人，承租人按照协定支付租金的交易行为"。我们将相关的信息放入术语表（参见表 1-1）中。

表 1-1 公共自行车租赁实例初始术语表

术 语	解 释
出租人	出租物件的所有者，拥有租赁物件的所有权，将物件租给他人使用，收取报酬
承租人	出租物件的使用者，租用出租人物件，向出租人支付一定的费用
租金	承租人在租期内获得租赁物件的使用权而支付的代价
使用权	不改变出租物件的本质而依法加以利用的权利
租赁标的	用于租赁的物件，这里指自行车
租期	租赁期限，指出租人出让物件给承租人使用的期限

然后，我们将租赁标的——自行车作为研究应用领域。根据常识我们知道，自行车一般是指两轮的小型陆上车辆，属于交通工具的范畴。通过研究自行车的分类可以发现：按照乘骑人数可以分为单人、双人或多人自行车；使用的场地可以分为市区道路、旅游景点、公路道路、山地丘陵等；按照自行车功能可以分为普通单车、公路单车、健身单车、山地单车等。自行车是一种复杂机械装置，主要由车架、轮胎、脚踏、刹车、链条等 20 多个部件组成，所以在使用过程中需要定期维护和保养，如果有所损坏，还会涉及承租人的赔偿问题。

在了解自行车租赁系统软件需求之前获得上述知识是很重要的。

1.2.2 公共自行车租赁系统需求获取

自行车作为一种绿色的出行方式，在我国很受青睐，很多城市都提供了公共自行车租赁服务。例如我们可以通过网络查询到以下信息："西安公共自行车服务系统是西安市公共交通体系的重要组成部分，按照'实名办卡、通租通还、限时免费、超时计费、智能管理、一卡通行、绿色环保、方便出行'的原则管理运营。"杭州建设有自行车网站（http://www.hzzxc.com.cn），对提供公共自行车租赁服务也有详细介绍。

1. 网络拓扑结构

通过收集网上资料和发表的期刊、会议论文，我们可以得到自行车服务系统的网络拓扑图，如图 1-1 所示。

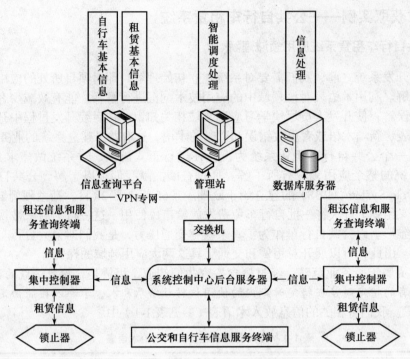

图 1-1　公共自行车管理和服务系统架构图

从图 1-1 中我们可以了解某城市自行车管理的分层网络架构，其上层的应用软件部分大致可分为租赁信息查询、对自行车的智能调度和后台信息处理等几个部分。锁止器是租赁信息的数据采集的主要来源。

2. 租赁服务业务主要流程

通过浏览杭州自行车网站以及考察杭州城区实地租车情况，我们收集到杭州城市公共自行车租赁服务的业务流程如下。

（1）凭证

杭州公交 IC 卡 A 卡（成人优惠卡）、B 卡（学生优惠卡）、C 卡（老年优惠卡）、D 卡（普通卡）及 T 卡（一卡通）和已开通公交功能的市民卡，在所持卡的电子钱包区内存入 200元公共自行车租用信用保证金及租车资费。无公交 IC 卡的市民和中外游客，使用杭州公交 IC 卡 Z 卡。注意：在本书中不区分 IC 卡类型。

（2）租车

租车的主要流程如下。

将具有租车功能的 IC 卡放在有公共自行车的锁止器刷卡区刷卡。此时，锁止器界面上的绿灯闪一下变亮，听到蜂鸣器发出"嘀"响声，表示锁止器已打开，租车人应在 30秒内将车取出。成功租车后，系统开始进行相关信息记录，首次租车刷卡时租车者的 IC卡电子钱包区的 200 元金额，作为信用保证金从卡内扣除。

（3）还车

还车的主要流程如下。

将所租的自行车推入锁止器，当绿灯闪亮时，及时将租车时用的 IC 卡放在锁止器刷卡区，当绿灯停止闪亮，听到蜂鸣器发出"嘀"响声，表示车辆已锁止，还车成功。还车刷卡的同时，系统停止计时并完成计时收费结算。

（4）租还车时的特殊情况

①租车时，锁止器已开启但租车者未在 30 秒内将车推出，自行车会被重新锁止。承租人应重新刷卡租车，并及时将车推出锁止器，以实现租车。

②还车时，还车人应确认车辆已被锁止。如未锁止（车辆仍可脱离锁止器），应重新操作还车。因未检查而造成锁止器未锁止所产生的损失，由承租人承担。

③还车时，卡内若资费不足将造成锁止器无法完成正常还车功能，承租人需及时向现场工作人员或通过电话求助。

3. 租赁费用

租赁费用如表 1-2 所示。

表 1-2 租赁费用

费用	1 小时之内：免费	1 小时以上 2 小时以内：1 元
	2 小时以上 3 小时以内：2 元	3 小时以上：每小时 3 元
优惠：凡乘坐公交车并在公交车 POS 机上刷卡乘车起的 90 分钟内租用公共自行车的承租人，其免费时间可延长为 90 分钟，同时计费结算时间也相应顺延。		

维修和赔偿标准如表 1-3 所示。

表 1-3 维修和赔偿标准

	部 件	收费标准	部 件	收费标准
公共自行车部件损坏维修收费标准	车座损坏或丢失	15 元	爆胎	2 元 / 次
	前叉、把手变形	各 30 元	内胎损坏	10 元 / 只
	前、后轮变形	各 30 元	外胎损坏	15 元 / 只
	链罩、链条、车铃损坏或丢失	各 5 元	车架变形	100 元
	车锁损坏或钥匙丢失	20 元	脚踏	5 元 / 只
	前后轮广告挡泥板（共四片）破裂	10 元 / 片	车筐	10 元
			儿童座椅	30 元
公共自行车整车遗失赔偿标准	使用年限		按原价折算赔偿标准	
	一年（含）内		90%	
	一年以上至二年（含）内		80%	
	二年以上至三年（含）内		70%	
	三年以上		60%	

根据上述信息对术语表进行修订，如表 1-4 所示。

表 1-4 公共自行车租赁实例术语表

术 语	解 释
出租人	出租物件的所有者，拥有租赁物件的所有权，将物件租给他人使用，收取报酬
承租人（以下简称租户）	出租物件的使用者，租用出租人物件，向出租人支付一定的费用
租金	是承租人在租期内获得租赁物件的使用权而支付的代价
使用权	不改变出租物件的本质而依法加以利用的权利
租赁标的	指用于租赁的物件（这里指自行车）
租期	租赁期限，指出租人出让物件给承租人使用的期限
信用保证金	是指承租人为取得租赁标的的使用权，而提前按规定存入信用专户的款项（这里指在 IC 卡上要有一定的预存金额）
锁止器	指提供自行车防盗功能的电子自动锁设备，可以提供对 IC 卡的读取和信息的发送
公交卡	城市中乘坐公交车时使用，是一种 IC 卡，也可开通租借自行车权限

1.2.3 建立业务模型

业务模型是对要建立软件系统的公司原商业过程的描述。通过访谈，结合调查问卷、检查业务上使用的各种表格以及对用户直接观察等适当的方法来获取业务模型信息。

1. 顶层系统用例

通过前面几种需求获取方法获得对系统的初步理解后，我们建立一个小型自行车租赁系统的主要业务模型。可简单概述为：市民通过 IC 卡来租借自行车，租借自行车时需要检查 IC 卡中是否已扣除押金；归还自行车之后需要从 IC 账户中扣除租借费用；自行车发生损坏时维修人员需要及时维修；自行车在各个服务点分布不均匀时需要调度员负责调度。

我们通过 UML 用例图来建立业务模型。用例图为软件和软件使用者之间的交互建立模型，它体现了软件和软件运行环境之间的交互，也为开发者和客户提供了一个沟通的桥梁。没有计算机专业知识的客户通过用例图能够直观了解开发的软件是否符合自己的要求，而开发者可以通过用例图明确软件需求。用例描述是对用例图的解释，用文字来表述图像无法表达的内容，包括用例对应的操作步骤，用例触发的前置条件、后置条件等。在用例描述中，前置条件表示在用例启动之前必须符合的条件，后置条件描述用例结束时的系统状态或持久数据。基本路径表示顺利执行的一系列操作，扩展路径表示异常时的操作。在顶层用例中，我们仅需要对需求进行简要描述，然后在后续求精过程中逐步细化。图 1-2 是系统顶层用例图及用例描述。

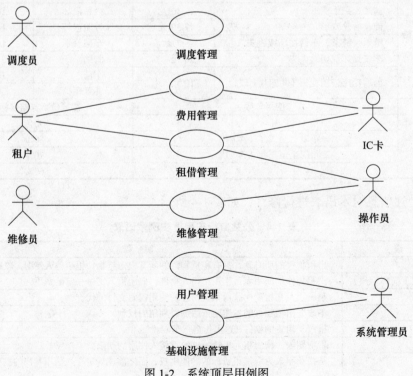

图 1-2　系统顶层用例图

租借管理用例描述如表 1-5 所示。

表 1-5 租借管理用例描述

用例名称	租借管理
用例描述	对自行车的租用、归还、查询进行管理
参与者	租户或操作员、IC 卡

用户管理用例描述如表 1-6 所示。

表 1-6 用户管理用例描述

用例名称	用户管理
用例描述	对系统中的用户进行管理，如添加租户、添加自行车调度员等操作
参与者	系统管理员

基础设施管理用例描述如表 1-7 所示。

表 1-7 基础设施管理用例描述

用例名称	基础设施管理
用例描述	对系统的基础设施信息进行管理，包括对自行车服务站、车位、自行车信息进行增、删、改、查等操作
参与者	系统管理员

调度管理用例描述如表 1-8 所示。

表 1-8 调度管理用例描述

用例名称	调度管理
用例描述	自行车调度员查看当前自行车在各个服务站分布情况，为各服务站按需分配自行车
参与者	调度员

维修管理用例描述如表 1-9 所示。

表 1-9 维修管理用例描述

用例名称	维修管理
用例描述	操作员对损坏自行车进行报修，维修员在维修后将自行车状态复位
参与者	维修员、操作员

费用管理用例描述如表 1-10 所示。

表 1-10 费用管理用例描述

用例名称	费用管理
用例描述	租户的账户余额管理
参与者	租户、IC 卡接口

2. 租借管理用例迭代

需求获取是一个迭代的过程，随着需求获取工作的深入展开，应逐步细化用例。

在公共自行车租借过程中，租户需要向系统请求租借自行车，用户在感应区刷卡，系统通过用户信息验证后，为用户分配一辆自行车。租户归还自行车后，系统更改自行车使用情况，通过 IC 卡接口在相应账户中扣除租车费用。如果没有空余位置存放归还的自行车，需要由操作员代为归还，并由操作员进行系统操作。我们将租借管理用例图细化，如图 1-3 所示。

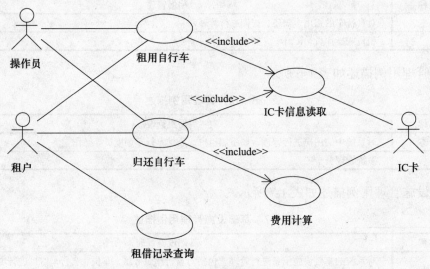

图 1-3　租借管理用例图

租用自行车子用例的主要步骤：用户利用 IC 卡租借自行车，在车位感应区刷卡之后，系统首先检查车位是否有车；接着检查用户权限信息，通过用户持有卡的类型来判断其是否有租借权限；然后系统判断用户是否已租自行车，是否支付过押金；最后确定是否可以向租户借出自行车。详细的用例描述如表 1-11 所示。

表 1-11　租用自行车子用例描述

用例名称	租用自行车
用例描述	系统对租户相关信息进行验证，向用户出租自行车
参与者	租户或操作员
基本路径	1. 使用 IC 卡自助借车 （1）将 IC 卡置于感应区 （2）检测车位是否有车，车辆是否可借 （3）通过锁止器设备感应获取 IC 卡信息 （4）判断租户是否有租车权限，判断租户是否已租车 （5）查看用户是否已交付押金 2. 设备损坏情况下直接向人工操作员借车 （1）人工操作员登录系统选择借车操作 （2）输入用户卡号以及自行车 ID （3）系统判断租户是否有租车权限，判断租户是否已租车 （4）系统判断租户是否已支付押金 （5）系统判断该自行车是否可借 3. 系统更新租户、自行车、车位相关信息 4. 锁止器解锁，自行车租用成功
扩展路径	1. 车位感应区无法感应 IC 卡 2. IC 卡无效 3. 车位无车 4. 未支付押金 5. 用户无借车权限 6. 已租借自行车，不能重复租借

　　归还自行车的子用例主要步骤：租户把自行车推入空闲车位中，在锁止器感应区刷卡，系统判断车位中是否已停放自行车，判断用户是否能够归还车辆，若验证通过，则归还操作完成。

　　该用例的参与者主要有租户与操作员。当用户发现服务站没有空余车位用于还车时，可以将自行车交给人工操作员，由操作员登录系统代为还车。在看到车位有空闲时，将车子停放入该车位。用例描述如表 1-12 所示。

表 1-12　归还自行车子用例描述

用例名称	归还自行车
用例描述	归还之前所借的自行车
参与者	租户或操作员
前置条件	租户和操作员持有 IC 卡
后置条件	归还成功
基本路径	1. 使用 IC 卡自助还车 （1）租户将自行车推入车位，并将 IC 卡置于车位锁止器感应区 （2）系统通过设备感应获取 IC 卡信息 （3）系统调用"费用计算"子用例计算本次租车所需费用 ①如果 IC 卡中余额大于费用，则从 IC 卡中扣除费用 ②如果 IC 卡中余额不足，则从押金中扣除，更新押金状态 （4）系统更新租户、自行车、车位相关信息 （5）锁止器加锁，自行车归还成功 2. 无空余车位情况下由人工操作员代为还车 （1）人工操作员登录系统选择还车操作 （2）输入用户卡号、归还自行车 ID （3）系统调用"费用计算"子用例计算本次租车所需费用 ①如果 IC 卡中余额大于费用，则从 IC 卡中扣除费用 ②如果 IC 卡中余额不足，则从押金中扣除，更新押金状态 （4）系统更新租户、自行车相关信息 （5）租户自行车归还成功，自行车状态标记为未入车位
扩展路径	车位感应区无法感应 IC 卡

　　用户有时候需要了解租借信息，可以通过终端设备查询相关的租车记录和还车记录。租借记录查询用例描述如表 1-13 所示。

表 1-13　租借记录查询用例描述

用例名称	租借记录查询
用例描述	查询用户租借自行车历史记录
参与者	租户
基本路径	1. 用户将 IC 卡置于终端感应器 2. 用户选择查询操作 3. 用户选择对应的查询信息 4. 系统显示查询信息
扩展路径	服务终端无法感应 IC 卡，IC 卡无效

3. 用户管理用例迭代

　　在公共自行车租赁系统中，人工操作员、租户、自行车调度员、自行车维修员是系统主要参与者，也是系统的使用者。系统管理员拥有对这些用户的管理权限，即只有系统管理员能够对用户信息进行增、删、改、查。用户管理详细用例图如图 1-4 所示。

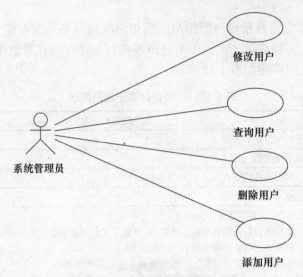

图 1-4　用户管理详细用例图

用户管理用例描述（包括添加、删除、修改和查询用户）如表 1-14 ~ 表 1-17 所示。

表 1-14　添加用户

用例名称	添加用户
用例描述	添加新用户信息
参与者	系统管理员
前置条件	管理员已登录
后置条件	添加成功
基本路径	1. 选择用户管理菜单中的添加用户选项 2. 输入身份证号码 3. 初始用户密码 4. 确认用户密码 5. 输入其他相关信息 6. 选择用户角色 （1）若选择用户角色为租户，还需输入 IC 卡信息 （2）若选择用户角色为操作员、调度员、维修员，需输入工作用 IC 卡信息 7. 单击提交按钮，系统显示添加用户成功
扩展路径	1. 输入必填信息字段为空 2. 两次输入密码不一致 3. 未选择 4. 未正确输入 IC 卡信息
补充说明	租户主要信息：用户姓名、身份证号、租借权限、租车状态、IC 卡信息

表 1-15　删除用户用例描述

用例名称	删除用户
用例描述	删除指定的用户信息
参与者	系统管理员

（续）

用例名称	删除用户
基本路径	1. 选择用户管理菜单中的删除用户选项 2. 输入待删除用户的身份证号码 3. 系统显示用户相关信息 4. 单击删除按钮 5. 系统提示是否确认删除 6. 确认后，系统显示删除成功
扩展路径	1. 身份证号码错误 2. 无身份证号码对应的用户相关信息

表 1-16　修改用户用例描述

用例名称	修改用户
用例描述	修改指定的用户信息
参与者	系统管理员
基本路径	1. 选择用户管理菜单中的修改用户选项 2. 输入待修改用户的身份证号码 3. 对用户信息进行修改 4. 单击修改保存按钮，系统显示修改用户成功
扩展路径	1. 身份证号码错误 2. 无身份证号码对应的用户相关信息

表 1-17　查询用户用例描述

用例名称	查询用户
用例描述	根据指定条件查看用户详细信息
参与者	系统管理员
基本路径	1. 选择用户管理菜单中的查看用户选项 2. 输入用户身份证号码 3. 返回用户相关信息
扩展路径	1. 身份证号码错误 2. 无身份证号码对应的用户相关信息

4. 基础设施管理用例迭代

考虑到自行车租赁规模可能会扩大，譬如为了方便用户借还自行车，决策者可能决定在商业区或者各个景区加设自行车租赁服务站，那么系统也需要将增设的服务站信息纳入管理。为此，需要添加服务站管理用例。服务站管理主要涉及服务站信息的增、删、改、查操作。在系统初始化阶段，所有的信息都未录入系统中，所以此用例在初始化系统过程中也会被触发。在系统增加服务站信息时，需要指定服务站站名、服务站位置以及绑定人工操作员等操作。

此外，系统也可能会在服务站增设自行车位，以适应某个服务站自行车租赁的需求，所以还需要管理自行车车位信息便于将来扩展。同样，该用例在系统的初始化阶段也起到了初始化信息的作用。基础设施管理用例图如图 1-5 所示。

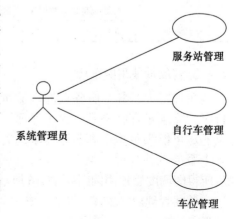

图 1-5　基础设施管理详细用例图

基础设施管理用例描述（包括服务站管理、自行车管理、车位管理）如表 1-18 ～表 1-20 所示。

表 1-18 服务站管理用例描述

用例名称	服务站管理
用例描述	对服务站信息进行管理
参与者	系统管理员
基本路径	1. 选择基础设施管理菜单中的服务站管理选项 2. 选择增加、删除、修改、查询服务站信息操作 3. 输入相关信息并确认 4. 系统将相关数据保存到数据库中
补充说明	服务站信息包括：服务站编号、服务站位置、车位编号、人工操作员编号

表 1-19 自行车管理用例描述

用例名称	自行车管理
用例描述	对自行车信息进行管理
参与者	系统管理员
基本路径	1. 选择基础设施管理菜单中的自行车管理选项 2. 选择增加、删除、修改、查询自行车信息操作 3. 输入相关信息并确认 4. 系统将相关数据保存到数据库中
补充说明	自行车信息包括：自行车 ID、添加时间、自行车型号、车辆状态、车辆所属车位编号、租借历史信息

表 1-20 车位管理用例描述

用例名称	车位管理
用例描述	对车位信息进行管理
参与者	系统管理员
基本路径	1. 选择基础设施管理中的车位管理选项 2. 选择增加、删除、修改、查询车位信息操作 3. 输入相关信息并确认 4. 系统将相关数据保存到数据库中
补充说明	车位信息包括：车位编号、车位名、车位状态、对应的车辆编号、所在服务站编号

5. 调度管理用例迭代

在现实中，各个服务点的人流量不同，导致自行车的需求量存在差异。为了保证服务站自行车数量能尽可能满足租借和归还需求，需要调度员根据各个服务点的自行车租借情况进行调度。一次迭代后所得的调度管理用例图如图 1-6 所示。

调度管理用例描述（包括生成调度方案、打印调度列表）如表 1-21 ～表 1-22 所示。

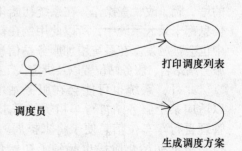

图 1-6 调度管理详细用例图

表 1-21　生成调度方案用例描述

用例名称	生成调度方案
用例描述	系统根据调度算法生成调度列表
参与者	调度员
基本路径	1. 调度员登录系统 2. 选择生成调度方案选项 3. 系统根据调度算法自动生成调度方案

表 1-22　打印调度列表用例描述

用例名称	打印调度列表
用例描述	系统打印生成的调度列表
参与者	调度员
基本路径	1. 调度员登录系统 2. 选择打印调度列表选项 3. 系统打印调度列表

6. 维修管理用例迭代

在租赁系统中，租赁物的磨损是必须要考虑的因素。为了不影响自行车的正常使用，人工操作员需要定期检查自行车的磨损情况，将磨损自行车录入系统中。维修员维修自行车后，将维修信息录入系统中并修改自行车状态。经一次迭代后维修管理用例图如图 1-7 所示。

维修管理用例描述（包括自行车报修、自行车修理、打印维修报表）如表 1-23 ～ 表 1-25 所示。

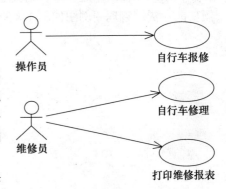

图 1-7　维修管理用例图

表 1-23　自行车报修用例描述

用例名称	自行车报修
用例描述	报修损坏自行车
参与者	操作员
基本路径	1. 检查服务站自行车的状况 2. 在报修界面输入自行车的 ID 以及损坏情况 3. 系统标记自行车状态为不可租借
扩展路径	1. 自行车 ID 不存在 2. 未输入报修信息

表 1-24　自行车修理用例描述

用例名称	自行车修理
用例描述	在自行车修理完成后，更新自行车状态
参与者	维修员
基本路径	1. 登录系统自行车修理菜单，选择修理完成功能 2. 输入自行车的 ID 3. 系统显示自行车相关信息 4. 维修员输入维修记录 5. 系统保存维修信息 6. 系统更新自行车状态为"正常"

表 1-25　打印维修报表用例描述

用例名称	打印维修报表
用例描述	维修员使用打印维修报表，打印出需要维修的自行车的相关信息
参与者	维修员
基本路径	1. 维修员选择打印维修报表 2. 系统打印报表
扩展路径	1. 自行车 ID 不存在 2. 未找到需报修的自行车

7. 费用管理用例迭代

公共自行车租赁系统委托 IC 卡部进行费用结算。当用户首次使用租车服务前，系统需要首先扣除用户押金，并且记录用户的押金扣除情况。在租借过程中，涉及租车费用的计算。用户在借还车过程中，可能想知道账户中还有多少余额，因此需要系统提供查询余额功能。费用管理用例图如图 1-8 所示。

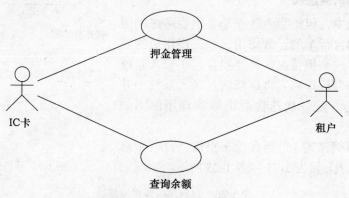

图 1-8　费用管理用例图

费用管理用例描述（包括查询余额、押金管理）如表 1-26 ~ 表 1-27 所示。

表 1-26　查询余额用例描述

用例名称	查询余额
用例描述	用户查询市民卡余额
参与者	租户、IC 卡
基本路径	1. 租户在终端刷卡后，选择查询余额功能 2. 系统使用 IC 卡接口获取相关信息 3. 终端显示租户余额
扩展路径	IC 卡无效

表 1-27　押金管理用例描述

用例名称	押金管理
用例描述	系统管理租户押金信息
参与者	租户、IC 卡

（续）

用例名称	押金管理
基本路径	1. 租户在终端刷卡后，选择押金管理操作 2. 租户选择支付、返还押金功能 3. 系统通过 IC 卡接口支付或者返回押金 4. 系统更新租户押金支付信息，并更新 IC 卡余额信息
扩展路径	1. IC 卡失效 2. IC 卡内余额不足，无法支付押金

1.3 需求获取工具学习

1.3.1 Rational Rose 工具概述

Rational Rose（Rational Rose 2003 主界面如图 1-9 所示）是由美国 Rational 公司开发的面向对象的可视化建模工具，该公司于 2002 年被 IBM 公司收购，成为 IBM 软件集团旗下的主要软件品牌。Rose 提供了对 UML（Unified Modeling Language）的支持，广泛使用的版本有 Rational Rose Developer for Java（Unix、Visual Studio）、Rational Rose Enterprise、Rational Rose Modeler、Rational Rose Technical Developer 等。现在 IBM 推出的 Rational Software Architect 中提供了支持 UML 2.0 的工具。

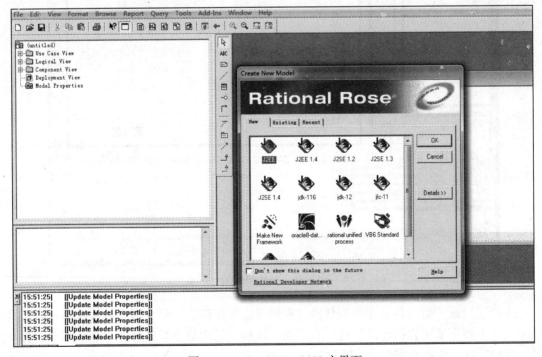

图 1-9 Rational Rose 2003 主界面

Rose 除了可以进行 UML 可视化建模外，也可以实现正逆向工程，即通过模型自动生成系统代码，或通过系统代码自动生成 UML 模型。Rose 的双向工程支持的语言包括 C++、Java、VB、VC++ 和数据库描述语言 DDL 等。

Rose 工具的主要功能可概括为：

1）对业务进行建模。

2）数据库建模，Rose 支持的 DBMS 主要有 SQL Server、Oracle、Sybase 和 DB2 等。

3）UML 建模，UML 可视化建模是 Rose 的主要功能。

4）正向工程，Rose 支持多种主流编程语言的正向工程，即从模型自动生成代码。

5）逆向工程，即分析原有的系统代码从而自动获取系统的模型。

1.3.2   使用 Rational Rose 绘制用例图

本节以租借管理用例为例，使用 Rational Rose 2003 绘制用例图，步骤如下。

1）在浏览区窗口中选择 Use Case View → New → Use Case Diagram，打开如图 1-10 所示的对话框。在浏览区窗口出现一个名为 New Diagram 的用例图，将其重新命名为租借管理。也可右击该用例图，在出现的菜单中选择 Rename 来重新命名。

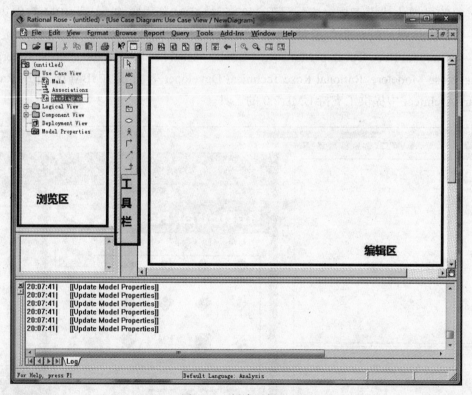

图 1-10   创建用例图

中间竖直细长型的菜单即为工具栏，右侧窗口为编辑区，可令窗口最大化显示。工具栏工具从上到下依次为：选择工具、文本框、注释、元素与注释连接线、包、用例、参与者、单向关联、依赖或实例化、泛化。

2）添加参与者。在工具栏中单击参与者图标，然后在编辑区空白处单击，在出现参与者图标后输入"租户"对其命名。浏览器窗口会显示操作结果，如图 1-11 所示。

3）添加用例。在工具栏中单击用例图标，然后在编辑区空白处单击，在出现用例图标后输入"归还自行车"对其命名，结果如图 1-12 所示。

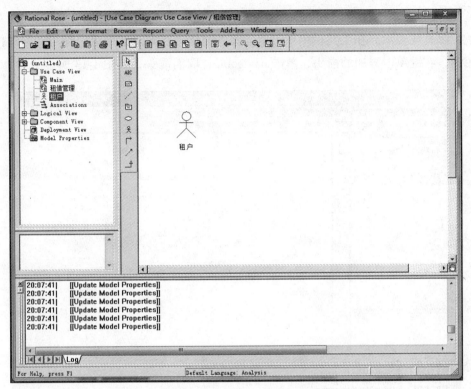

图 1-11 添加参与者

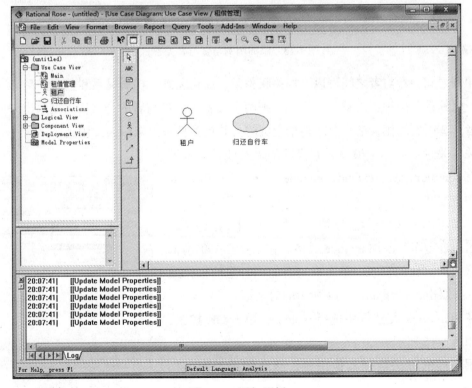

图 1-12 添加用例

4）添加参与者与用例之间的关系。参与者"租户"与用例"租借自行车"为双向关联关系，以直线表示。在工具栏中单击单向关联图标，在编辑区中单击参与者同时拖动鼠标到用例，右键单击添加的箭头，单击 navigable，取消箭头，如图 1-13 所示。

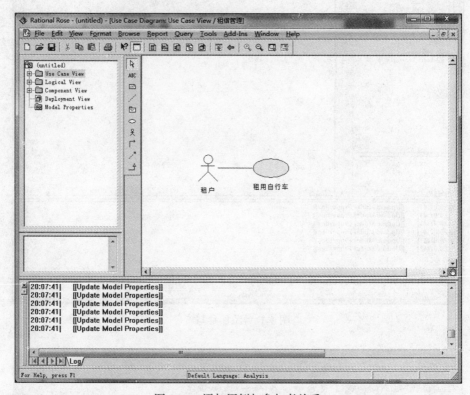

图 1-13　添加用例与参与者关系

用例之间、参与者之间可以添加关联关系、泛化关系、扩展关系和包含关系。

泛化关系分两种：①参与者泛化，把两个或者更多参与者的公共行为抽象出来成为父参与者；②用例泛化，把一个或多个用例的公共行为抽象出来作为父用例。

关联关系标识两个模型元素之间的语义联系，系统默认有 communicate、extend、include、realize、subscribe 五种构造类型。

添加用例"IC 卡信息读取"。为"IC 卡信息读取"与"租用自行车"添加 include 关系。在工具栏中单击依赖关联图标，在编辑区中单击参与者的同时拖动鼠标到用例，并双击，打开如图 1-14 所示的对话框。

在 Stereotype 复选框中选择 include，单击 OK 按钮，结果如图 1-15 所示。

用同样的方法绘制其他用例，最终结果如图 1-16 所示。

图 1-14　添加依赖关系

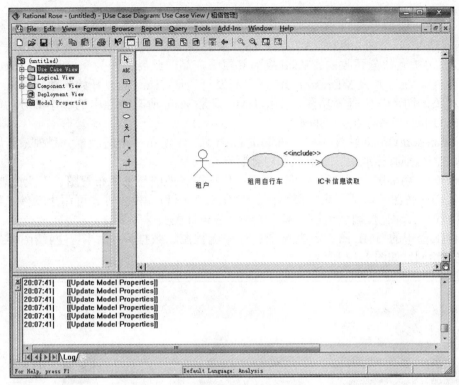

图 1-15　添加依赖关系结果

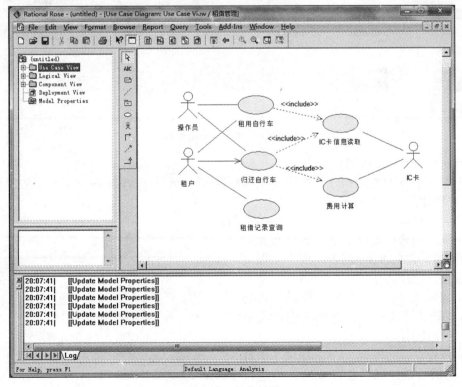

图 1-16　最终结果

1.3.3 Visio 工具概述

Visio 是 Visio 公司 1992 年发布的产品，主要用于绘制流程图和矢量图等图表。2000 年 Visio 公司被微软公司收购，Visio 成为其旗下产品。此后，作为和 Word 与 Excel 一个类别的软件，Visio 并入 Microsoft Office 一起发行。从 Visio 2000 开始，微软加入了与软件工程相关的图形与代码等功能。支持 UML 只是 Visio 所有特性中的一小部分功能。它和微软的 Office 产品有着良好的兼容性。

与 Microsoft Office 软件一样，Visio 每隔两到三年发布一个新版本，目前最新版本为 Visio 2013，分别有标准版、专业版和白金版等。

Visio 的适用范围十分广泛，可以用来制作框图、地图与平面布置图、工业控制系统、管道和仪表设备图、营销图表、网络图、UML 模型图和日程表等，可用于软件工程、建筑业、电气与自动化控制、销售、网络工程，甚至日程安排等领域。

软件工程中的 UML 图、数据流图、程序流程图、数据库模型图、网站图等都可用 Visio 进行绘制，如图 1-17 所示。

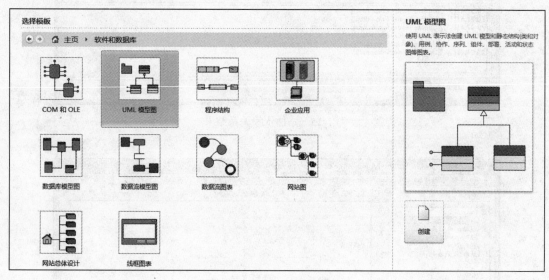

图 1-17 Visio 的新建界面

Visio 有如下主要功能：

1）利用现有的数据，方便快捷地创建标准 Visio 图表。Visio 提供了特定的工具和模板供客户创建种类广泛的图表。

2）快速地访问常用工具和最近使用的模板。

3）能够把难以理解的复杂表格和文本转换为清楚简单的 Visio 图表，便于工作人员对数据进行可视化操作。

4）减轻图表创作人员的工作量。Visio 中有多种新的图表示例，有助于创作人员在工作中找到创作灵感。

5）内置丰富的模板。Visio 提供了丰富的图形模板类别，以供各行业的人员进行相关图形创作，如图 1-18 所示。

图 1-18 Visio 丰富的模板类别

6）对图元进行拖曳操作生成实例。拖曳式的操作大大降低了 Visio 的学习成本，使绘图变得更加简单。

7）支持超链接。Visio 的图形中可以支持超链接，以向用户展示更丰富的内容。

8）导出为各种格式。Visio 除了可以导出 jpg、gif、bmp、png 等常用图片格式外，还可以导出 AutoCAD 相关格式，甚至 html 文件用以部署在服务器上共享展示，如图 1-19 所示。

1.3.4　使用 Visio 工具绘制用例图

这里用 Visio 以租借管理用例为例作图。步骤如下：

1）在菜单栏上选择"文件"→"新建"→"软件和数据库"→"UML 模型图"，进入 UML 编辑视图，如图 1-20 所示。视图编辑窗口分为左右两个部分，左侧为工具栏，右侧为编辑区。在工具栏部分选择"UML 用例"，工具栏下部出现用例图绘制所需的工具。

图 1-19　Visio 支持的
导出格式

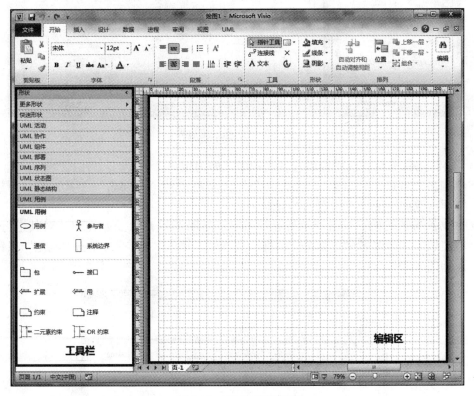

图 1-20　UML 编辑视图

2）绘制系统边界，在租借管理用例中，系统名即为"租借管理"。

- 绘制系统边界图形。选择"UML 用例"工具栏中的"系统边界"工具，按住不放，拖曳至右侧编辑区，在合适的位置释放。可拖曳图形边界上的绿色方格，对图形大小进行修改。

• 修改系统边界属性。双击系统边界图形上的"系统"文字，直接编辑成"租借管理"，结果如图 1-21 所示。

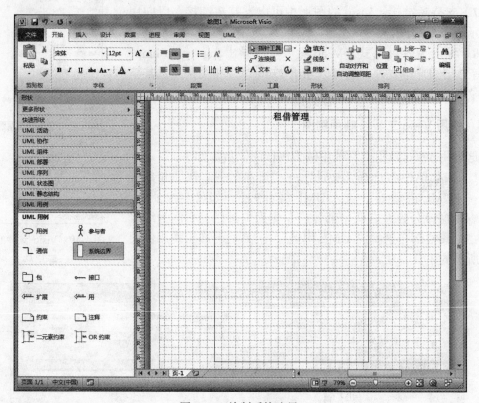

图 1-21　绘制系统边界

3）绘制用例参与者，在租借管理用例中，即为租户。

• 绘制参与者图形。选择"UML 用例"工具栏中的"参与者"工具，按住不放，拖曳至右侧编辑区，在合适的位置释放。

• 修改参与者属性。双击"参与者"图形，出现如图 1-22 所示窗口，对其进行编辑。本实例中仅修改名称。编辑"名称"文本框，输入"租户"，单击"确定"按钮，结果如图 1-23 所示。

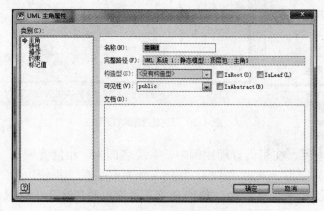

图 1-22　参与者属性编辑

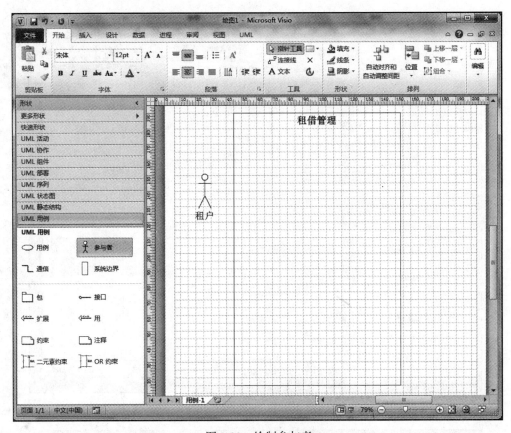

图 1-23　绘制参与者

4）绘制用例。以租借管理中的租借自行车为例。

• 绘制用例图形。选择"UML 用例"工具栏中的"用例"工具，按住不放，拖曳至右侧编辑区，在合适的位置释放。

• 修改用例属性。双击用例图形，出现如图 1-24 所示窗口，对其进行编辑。本实例中仅修改名称。编辑"名称"文本框，输入"租借自行车"，单击"确定"按钮，结果如图 1-25 所示。

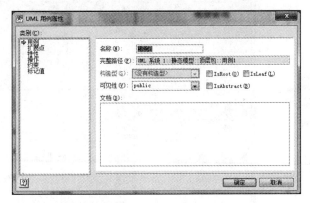

5）添加用例和参与者之间的关系。

• 选择"UML 用例"工具栏中的"通信"工具，按住不放，拖曳

图 1-24　UML 用例属性编辑

至右侧编辑区。将直线的一端置于"租户"参与者图形上，当出现红色小方格时释放图形。然后，单击直线的另一端，按住不放，拖曳至"租借自行车"用例图上，当出现红色小方格时释放图形，参与者与用例便连接到了一起，结果如图 1-26 所示。

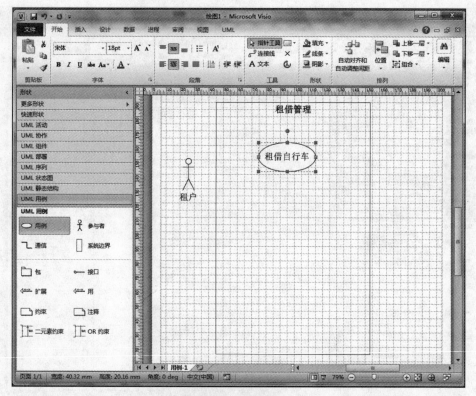

图 1-25　用例绘制

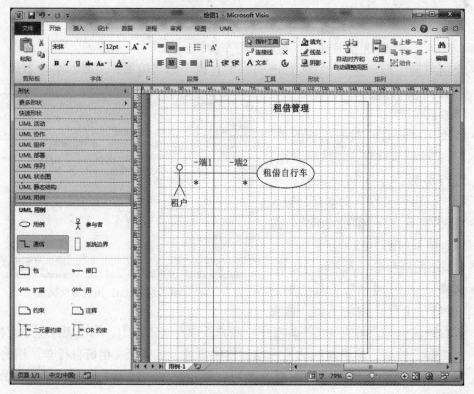

图 1-26　绘制连接线

- 在直线两端的上方，有"端 1"与"端 2"文字，以及"＊"文字。在本次用例图绘制中，不需要这些字段，所以接下来将这些文字删去。右键单击关系图形，在菜单中选择"形状显示"选项，出现如图 1-27 所示窗口。在"端选项"控件组中，除去勾选所有复选框，单击"确定"按钮，结果如图 1-28 所示。

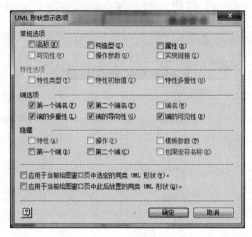

图 1-27　形状显示选项

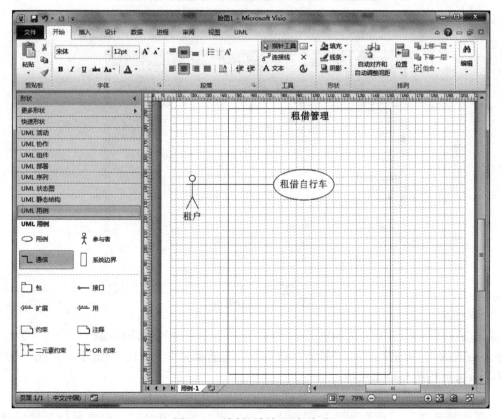

图 1-28　绘制用例与用户关系

6）添加用例和用例之间的关系。

在本次实例中，添加"租借自行车"用例与"IC卡信息读取"子用例之间的包含关系，所以首先遵照上述步骤绘制出"IC卡信息读取"用例。由于Visio工具默认没有include构造型关系，所以我们需要在工具栏中添加一个include构造型关系。

- 添加include构造型。选择菜单栏"UML"→"构造型"，出现如图1-29所示窗口。单击最右侧按钮组"新建"按钮，列表将会新增一行，如图1-30所示。

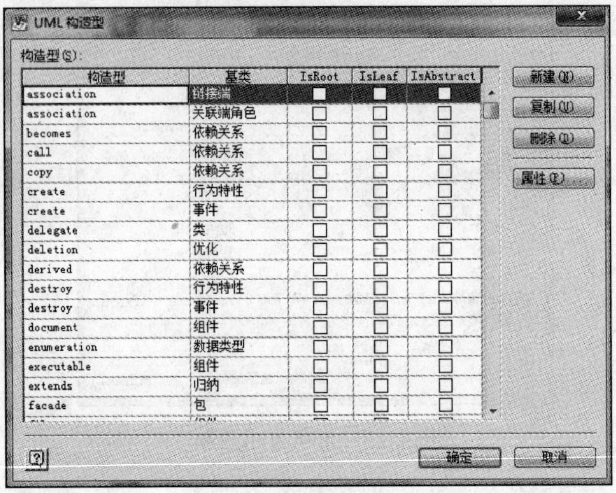

图1-29　构造型窗口

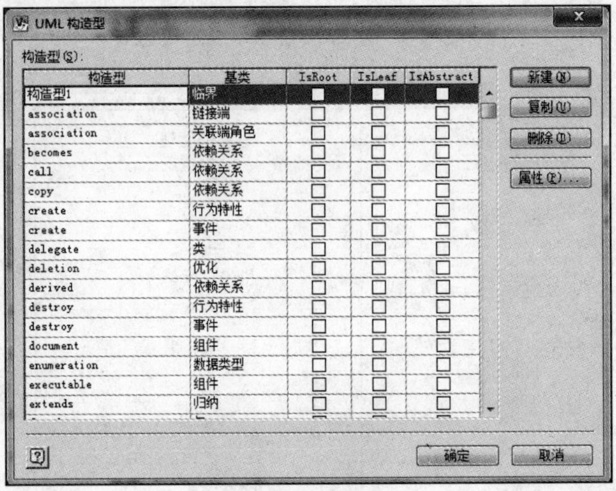

图1-30　添加构造型

双击第一列"构造型"文本框，即"构造型1"所在文本框进行编辑。将"构造型1"改为"include"，单击第二列"基类"选择框，选择其中的"归纳"选项。单击"确定"按钮。include构造型添加成功。

- 绘制关系图形。选择UML工具栏中的"用"工具。按住不放，拖曳至编辑区。将图形箭头置于"查询用户"图形上，当出现红色小方格时，释放鼠标。然后将箭尾末端拖曳至"IC卡信息读取"用例图形上，同样，当出现红色小方格时，释放鼠标。

- 修改关系属性。双击上面步骤中添加的关系图形，出现如图 1-31 所示窗口。单击
  "构造型"对应的下拉菜单栏，选择前面步骤中添加的 "include" 构造型，单击 "确
  定" 按钮，结果如图 1-32 所示。

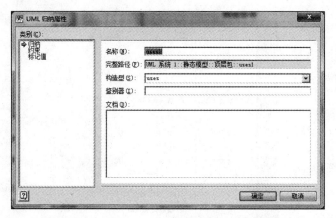

图 1-31　归纳属性窗口

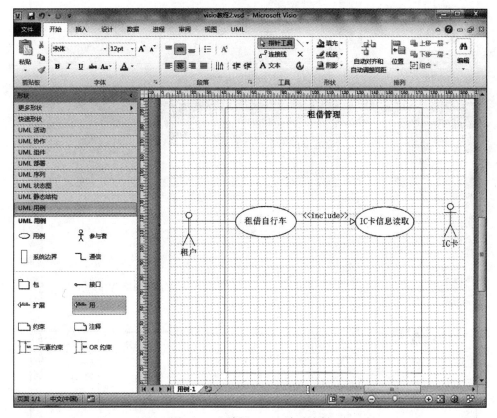

图 1-32　用例 include 关系绘制

　　根据需要重复上述步骤，最后得到的结果如图 1-33 所示。注意在图中，在连接线交
叉处出现弯曲弓形，我们按照下列步骤取消弓形。在 "设计" 菜单中，找到 "连接线"，
在下拉菜单中单击 "显示跨线"，最终结果如图 1-34 所示。

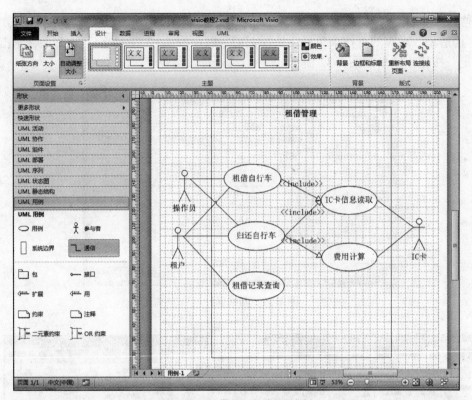

图 1-33   租借管理用例图绘制

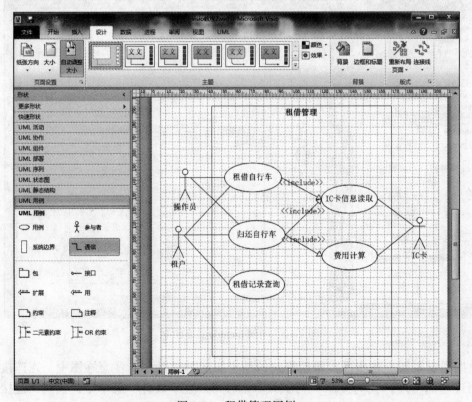

图 1-34   租借管理用例

1.4 软件需求获取实践

在前述内容的基础上，本节要求读者独立完成关于软件需求获取的相关工作。建议读者按照要求完成本节要求的工作，并对照评价标准检验完成效果。

1. 目的和要求

1）掌握软件需求获取的几种常用方法。

2）掌握 UML 用例建模方法和过程。

3）熟悉 Rational Rose 和 Visio 工具，掌握用例图的绘制。

2. 实践内容

1）本章介绍的公共自行车租赁系统用例建模中是否缺少服务？如果有，请修改用例图及用例描述。

2）选择一个小型实例做项目应用领域调研，利用 UML 工具通过用例图和用例描述建立小型实例的业务模型。

3）完成实践报告。

3. 实践步骤

1）根据 Rational Rose 和 Micro Visio 使用说明，熟悉 UML 建模工具。

2）个人自选一个小型实例，也可以是教材中的学期项目，确定项目名称。

3）针对项目应用领域，利用需求获取方法，整理项目的术语表。

4）通过用例图和用例描述为项目建立初始的业务模型。用例图的描述参考 GB/T 8567—2006 计算机软件文档编写规范中的用例要求，如图 1-35 所示。

附录 A
（规范性附录）

A.3.2.1　用况图综述

从总体上阐述整个用况图的目的、结构、功能以及组织。以文字描述文档所包含的部分。

A.3.2.2　参与者描述

列出一个用况图中每个参与者的名称，可按字母顺序或其他某种有规律的次序排列。必要时要对参与者附有必要的文字说明，也可以说明它所涉及的用况和交互图的名称。

A.3.2.3　用况描述

对于一个用况图中的每个用况，记录如下的信息。要按某种顺序排列它们。

a）名称

每个用况有一个在图内唯一的名字，并且该名字要反映出它所描述的功能。书写位置是在用况描述的第一行。

b）行为描述

用自然语言分别描述参与者的行为和系统行为，建议把参与者的行为靠左对齐书写，把系统行为靠较右的位置对齐书写。

在描述较复杂的含有循环或条件分支的行为时，可使用一些结构化编程语言的控制语句，如 while,for, if-then-else 等。

当要表明控制语句的作用范围时，可使用括号，如 ｛、｝或 begin、end 等，也可以使用标号，以便更清楚地表示控制走向。

如有必要，可使用顺序图、状态图或协作图描述参与者的行为和系统行为。

......

图 1-35　GB/T 8567—2006 计算机软件文档编写规范中用例图要求

5）对上述业务模型给出逐步迭代求精。

6）撰写实践报告。

4. 实践报告

参照表 1-28 所示的用例描述模板给出用例描述。

表 1-28   用例描述模板

用例名称	
用例描述	
参与者	
前置条件	
后置条件	
基本路径	
扩展路径	
补充说明	

5. 评价标准

本章提供了公共自行车租赁系统实例的基础业务模型，并提供了书写文档的参考格式，所以一般情况下读者应能独立完成实践报告。

实践内容第 1 题：回答有根据，并提供了正确的用例图和用例描述，可以得 12 ~ 15 分；回答问题、提供的用例图和用例描述基本正确得 9 ~ 11 分；没有回答，或者回答问题有明显失实，给 8 分以下。

实践内容第 2 题：根据需求描述是否符合项目实际并且是否有迭代确定分数高低。有业务流程，对知识点掌握正确的可以得 75 ~ 85 分；描述简单，给 65 ~ 74 分；错误不多，给 51 ~ 64 分；没有完成项目要求并有较多错误的，给 50 分以下。

第 2 章　结构化系统分析

2.1　Gane 和 Sarsen 结构化系统分析方法概述

软件需求分析的主要目标是确定项目必须向用户提供什么，以及项目产品要满足的约束条件。对已经初步获取出来，并且经过多次迭代后形成的需求描述，还需要利用需求分析技术进行深入的研究，才能形成用户和项目开发人员都认可的软件需求规格说明。

Gane 和 Sarsen 的结构化系统分析方法作为主流的传统需求分析技术是以系统中数据流动为重点，对数据出入系统边界形态、系统内部处理进行研究来分析用户的要求。其分析过程分为 9 个步骤，如图 2-1 所示，依据这 9 个步骤，我们可以得到用户需要满足的主要功能、数据存储和大小、对软硬件的要求，以及输入—输出的规格说明。

> (1) 在需求初步获取的基础上运用逐步求精的方法画数据流图，数据流图分层描述
> (2) 决定软件系统实现数据流图中的哪些部分
> (3) 确定数据流图中数据流的细节
> (4) 定义数据流图中加工的处理逻辑
> (5) 定义数据流图中涉及的数据存储
> (6) 定义满足项目需要的物理资源
> (7) 确定项目需要满足的输入—输出规格说明
> (8) 确定系统中输入数据、中间计算结果、输出数据的大小
> (9) 根据步骤8中的计算结果，确定硬件要求和约束

图 2-1　Gane 和 Sarsen 结构化系统分析的 9 个步骤

数据流图是传统结构化需求分析方法描述数据、加工、存储的最基本工具，可以帮助确定项目中的逻辑数据流。在数据流图中的每个数据、加工和数据存储可以在数据字典的定义中给出详细描述。

2.2　结构化需求分析实例——公共自行车租赁系统

2.2.1　数据流图

数据流图有时也被称为数据流程图（Data Flow Diagram，DFD），是一种便于用户理解和分析系统数据流程的图形工具。它在逻辑上精确地描述系统的功能、输入、输出和数据存储等，是系统逻辑模型的重要组成部分。

数据流图由以下基本部分组成。

- 数据流：由一组固定成分的数据组成，表示数据的流向。需要强调的是，数据流图中描述的是数据流，而不是控制流。除了流向数据存储或从数据存储流出的数据不

必命名外，每个数据流必须要有一个合适的名字来反映该数据流的含义。

- 加工：描述了输入数据流到输出数据流之间的变换，也就是输入数据流经过什么处理后变为输出数据流。每个加工都有一个名字和编号。编号能反映该加工在分层数据流图中所处的层次，能够看出它是由哪个加工分解得到的子加工。
- 数据存储：表示要存储的数据，可以是任何形式的数据组织，每个数据存储都要命名。
- 外部实体：存在于软件系统之外的人员、组织或其他系统，是系统所需要数据的发源地或系统所产生数据的归属地。

公共自行车租赁系统是一个较为复杂的问题，一次性得出完整 DFD 比较困难，所以可以采用分层数据流图，按照系统的层次结构进行逐步求精。

第一次求精着眼于系统与外部环境交互产生的数据流，把整个系统视为一个大的加工，然后根据系统从哪些外部实体接收数据流，以及系统发送数据流到哪些外部实体，画出数据流图。这张图通常称为顶层数据流图。以租户和系统交互为例，租户会向系统发送借/还车请求数据、查询记录两类信息，系统经过处理后会将结果反馈给用户。公共自行车租赁系统的顶层数据流图如图 2-2 所示。

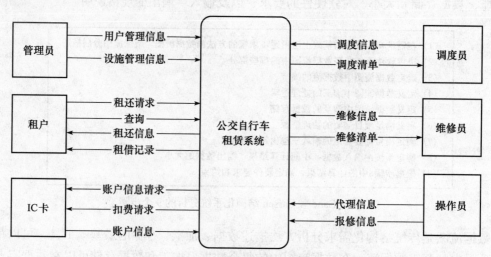

图 2-2 顶层数据流图

设计顶层数据流图时，我们只关注系统和外部实体之间的交互，而系统内部相当于黑盒。然后，我们通过逐步求精，把顶层图中的系统进行功能分解，分解成若干个加工，并用数据流将这些加工连接起来，使得顶层图的输入数据经过若干加工处理后，变成顶层图的输出数据流。将一个加工按照分解过程画出一张数据流图的过程就是对该加工的分解，如图 2-3 所示为第一次细化后的数据流图。

可以对该数据流图进一步分解求精。把每个加工看作一个小系统，把加工的输入/输出数据流看成小系统的输入/输出流，逐步画出每个子系统加工的 DFD 图。以租借管理加工为例对结果进行求精，数据流图如图 2-4 所示。

继续进行数据加工的细化，我们对租车管理进行进一步求精，结果如图 2-5 所示。

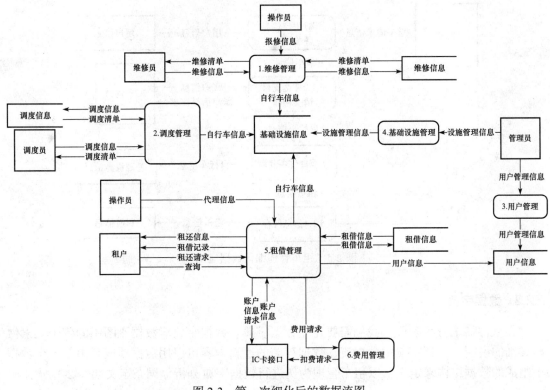

图 2-3　第一次细化后的数据流图

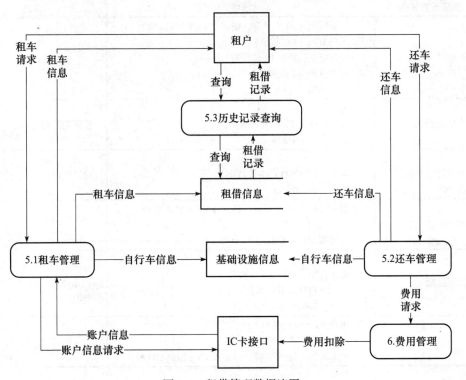

图 2-4　租借管理数据流图

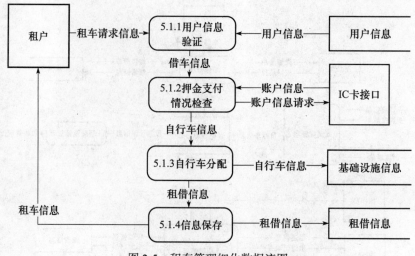

图 2-5   租车管理细化数据流图

2.2.2   数据字典

在软件需求分析阶段，我们需要建立数据字典。数据字典对数据流图中的各个元素做出详细的说明。数据字典中数据流、数据存储的逻辑内容可以用数据项或者由若干个数据项组成的数据结构来定义，以租车管理为例进行数据字典分析，词条定义如表 2-1 所示。

表 2-1   租车管理数据字典词条

数据元素名	描述	描述
用户数据	注册时间（10 个字符，格式 YYYY-MM-DD） 用户 ID（10 位数字） 用户姓名（最大 10 位字符） 用户性别（1 位字符） 用户类型	
用户信息验证	过程 输入：用户 ID（10 位数字） 输出：True/False	验证用户是否有借车权限
押金支付情况检查	过程 输入：IC 卡 ID（10 位数字） 输出：True/False	验证用户是否支付押金
租车请求信息	租车时间（10 个字符，格式 YYYY-MM-DD） 租户 ID（10 位数字） 自行车 ID（6 位数字）	
自行车分配	过程 输入：用户 ID（10 位数字） 　　　自行车 ID（6 位数字） 输出：True/False	分配自行车操作，更新用户的租车信息，更新自行车的分布数据
租借信息	用户 ID（10 位数字） 自行车 ID（6 位数字） 租车时间（10 个字符，格式 YYYY-MM-DD）	
信息保存	过程 输入：租借信息	更新租借记录信息

（续）

数据元素名	描述	描述
账户信息	IC 卡 ID（10 位数字） 押金（2 位浮点小数） 是否租车（True/False）	
账户信息请求	IC 卡 ID（10 位数字）	
自行车信息	自行车 ID（6 位数字） 自行车型号（最大 10 位字符） 服务站 ID（6 位数字）	

2.2.3　数据 E-R 图

根据数据流分析，便能够进行数据库设计。针对各项数据的关系画实体－关系图，如图 2-6 所示。

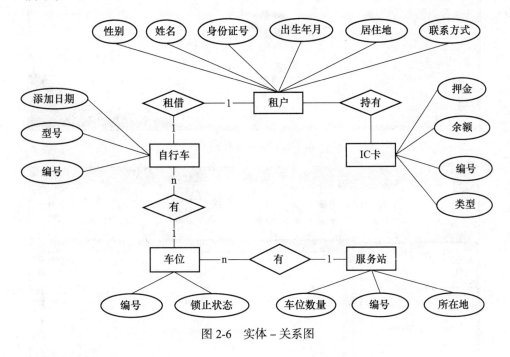

图 2-6　实体－关系图

2.3　应用需求分析工具

本节以 Visio 工具为例说明数据流图和 E-R 图的绘制过程。

2.3.1　使用 Visio 创建数据流图

启动 Microsoft Visio，首先进入如图 2-7 所示的"开始界面"。"开始界面"支持用户选择任意目录中的模板开始设计，单击模板之后，Visio 系统会打开对应的图形库，并设定好适当的页面大小，也可以打开已创建的文件继续以前的编辑工作。

以公共自行车租赁系统的数据流图为例，我们选择类别窗口的"软件"选项，在出现的模板界面中选择"数据流模型图"，进入数据流模型图编辑区，如图 2-8 所示。或者选择菜单命令"文件"→"新建"→"软件"→"数据流模型图"，进入编辑区。

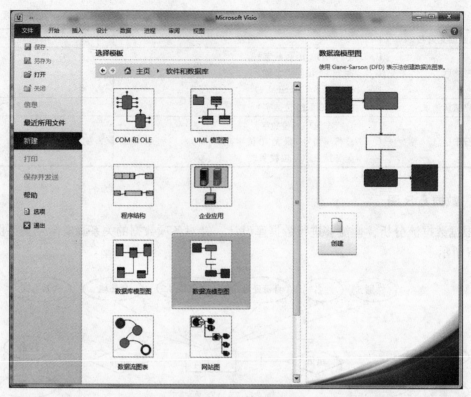

图 2-7　开始界面

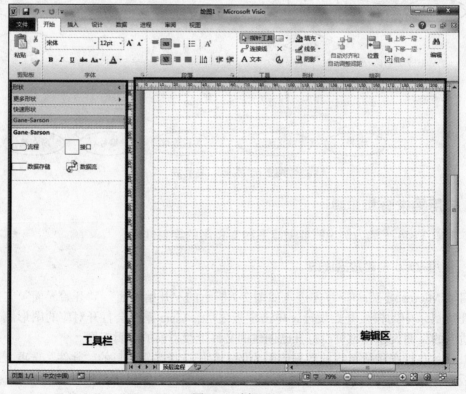

图 2-8　编辑区

编辑窗口分为左右两个部分，左边是形状工具栏，可以选择需要绘制的图形对象形状。右边是基本流程图编辑区，用于放置绘制的图形。

左侧工具栏中的"接口"工具用于表示元数据或者目的数据，"流程"工具用于表示转换数据流的处理过程，"数据存储"工具表示数据存储，"数据流"图标标识数据流。

以公共自行车租赁系统的顶层数据流图的一部分为例。

首先，绘制一个数据流处理过程，用于表示整个公共自行车租赁系统。选择左边的"流程"工具，按住这个工具，拖曳到右边的图形编辑区，并移动到合适的位置释放。通过拉伸图标的控制点来调整图形的大小。调整好形状和方位以后，双击该图形，图形上出现闪烁的光标，输入"公共自行车租赁系统"，通过菜单栏上的文字编辑工具栏调整文字大小以及格式，结果如图 2-9 所示。

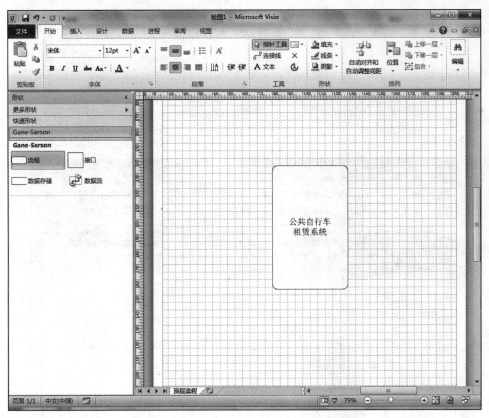

图 2-9 绘制过程

然后，绘制"租户"这个外部实体，类似于上一个步骤。将"接口"图标拖曳到编辑区，调整形状与大小，输入并调整文字，结果如图 2-10 所示。

接着，绘制用于表示租户和系统交互的数据流。在形状工具栏中选择"数据流"工具。将图标拖至"租户"图标附近，待"租户"图标变为红色，松开鼠标。我们会发现箭头的尾部变为红色，这表示箭头固定在图标上。接下来，拖曳箭头，此时箭头为绿色，将该点拖至"公共自行车租赁系统"图标上，待该图标变为红色，松开鼠标。编辑文字"还车请求"，结果如图 2-11 所示。

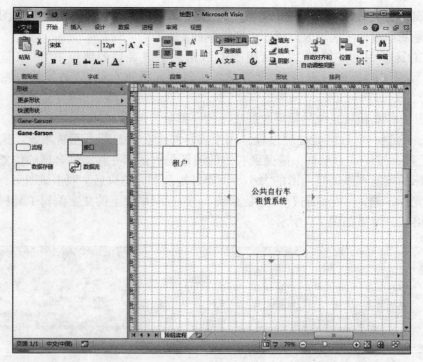

图 2-10　绘制租户

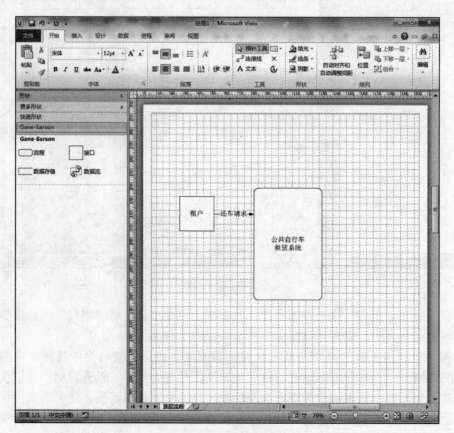

图 2-11　绘制数据流

之后的绘制步骤和方法类似于上述几个步骤，这里不再赘述。在绘制数据流的过程中，可能会需要使用双向箭头，只需要右键选择单向箭头，在出现的菜单中选择"格式"中的"线条"，找到"起点"选项，然后选择适合的箭头图形即可。最终结果如图2-12所示。

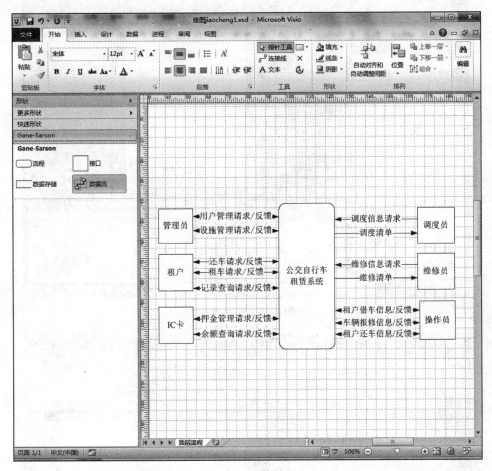

图 2-12　最终结果

2.3.2　使用 Visio 创建数据库模型图

本节介绍使用 Microsoft Visio 绘制实体 – 关系图。

选择菜单命令"文件"→"新建"→"数据库"→"数据库模型图"进入编辑视图，如图 2-13 所示。

窗口分为三个部分，左边部分是工具栏，右上部分是绘图区，右下部分是属性编辑区。

绘制实体 – 关系图的步骤如下：

1）选中左边一个图形工具，比如实体。

2）按住这个工具，拖曳到右上部分的绘图区。

3）移动到合适的位置释放。

4）在图 2-14 所示的右下部数据库属性编辑区中进行编辑。数据库属性对话框有 8 个类别可以设置，分别是定义、列、主 ID、索引、触发器、检查、扩展和注释。

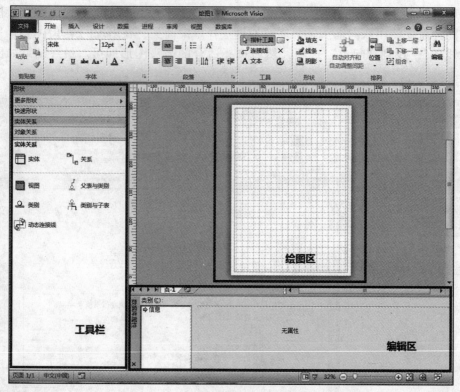

图 2-13　编辑视图

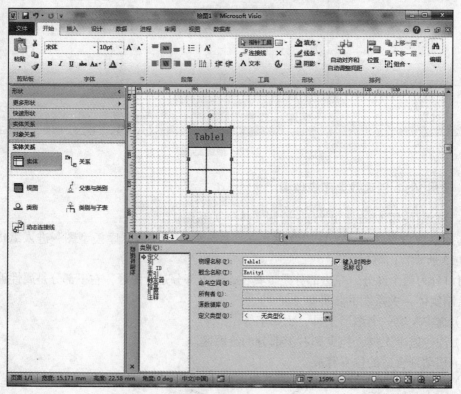

图 2-14　绘制实体

5）添加关系，将关系工具拖曳到指定区域，将线的两端拖到实体图形的中心位置。双击"关系"图形，进行主外键编辑。选择含有外键关系的两个字段，单击"关联"按钮，则外键关系创建成功。

最终结果如图 2-15 所示。

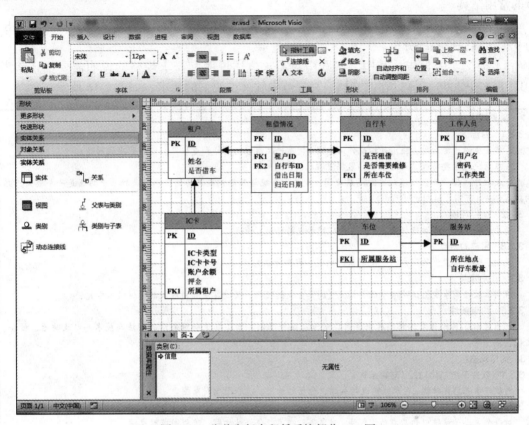

图 2-15　公共自行车租赁系统部分 E-R 图

2.4　结构化系统需求分析实践

本节将要求读者基于所学知识，进行结构化系统需求分析。读者可结合本节最后的评价标准检验对本节知识的掌握和完成情况。

1. 目的和要求

1）掌握 Gane 和 Sarsen 的结构化系统分析方法。

2）熟悉 Micro Visio 工具，掌握数据流图的绘制。

3）熟悉 Micro Visio 工具，掌握 E-R 图的绘制。

2. 实践内容

1）公共自行车租赁系统中对自行车在服务站间调度、维修管理、用户管理等没有进行结构化系统需求分析，请你选择其中一项进行求精，画出该功能的分层 DFD。

2）选择一个小型实例或者教材后的学期项目做项目结构化需求分析，利用 Micro Visio 工具建立对结构化需求分析的 DFD 图、数据的 E-R 图，并定义 DFD 中的数据字典。

3）完成实践报告。

3. 实践步骤

1）根据 2.3 节中 Microsoft Visio 实例详解和软件工具使用说明，熟悉用于系统需求分析的常用工具。

2）结合第 1 章中获取的需求，根据掌握 Gane 和 Sarsen 的结构化系统分析方法提出的 9 个步骤完成系统分析。

3）提交实践报告。其中，实践中对需求概述说明和需求规格的说明需要描述参考 GB/T 8567—2006 计算机软件文档编写规范中软件说明书的要求，如图 2-16 所示。

3.2　需求概述

　3.2.1　目标

　　a. 本系统的开发意图、应用目标及作用范围（现有产品存在的问题和建议产品所要解决的问题）。

　　b. 本系统的主要功能、处理流程、数据流程及简要说明。

　　c. 表示外部接口和数据流的系统高层次图。说明本系统与其他相关产品的关系，是独立产品还是一个较大产品的组成部分（可用方框图说明）。

　3.2.2　运行环境

　　简要说明本系统的运行环境（包括硬件环境和支持环境）的规定。

　3.2.3　用户的特点

　　说明是哪一种类型的用户，从使用系统来说，有些什么特点。

　3.2.4　关键点

　　说明本软件需求规格说明书中的关键点（例如：关键功能、关键算法和所涉及的关键技术等）。

　3.2.5　约束条件

　　列出进行本系统开发工作的约束条件。例如：经费限制、开发期限和所采用的方法与技术，以及政治、社会、文化、法律等。

3.3　需求规格

　3.3.1　软件系统总体功能/对象结构

　　对软件系统总体功能/对象结构进行描述，包括结构图、流程图或对象图。

　3.3.2　软件子系统功能/对象结构

　　对每个主要子系统中的基本功能模块/对象进行描述，包括结构图、流程图或对象图。

　3.3.3　描述约定

　　通常使用的约定描述（数学符号、度量单位等）。

图 2-16　GB/T 8567—2006 计算机软件文档编写规范中软件说明书的部分要求

4. 评价标准

实践内容第 1 题：提供了正确的分层数据流图，可以得 12 ~ 15 分；提供数据流图基本正确得 9 ~ 11 分；数据流图中含有较多错误或者没有给出分层数据流图，给 8 分以下。

实践内容第 2 题：根据需求分析是否符合项目实际、数据流图是否分层、数据字典定义是否正确来确定分数高低。对知识点掌握正确的可以得到 75 ~ 85 分；描述简单，给 65 ~ 74 分；错误不多，给 51 ~ 64 分；没有完成项目需求分析要求并含有较多错误的，给 50 分以下。

第3章 结构化系统设计

3.1 结构化设计原则和主要过程

结构化系统设计主要解决系统该"如何做"这个问题，要求在前期结构化分析基础上形成系统的总体设计和详细设计。结构化设计的主要过程（参见图3-1）如下。

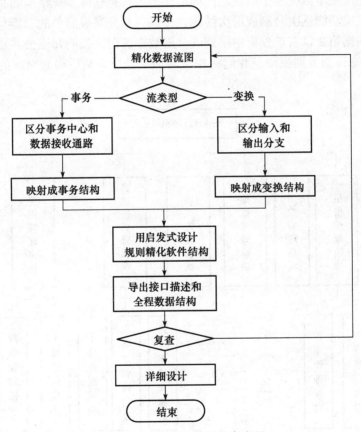

图 3-1 结构化设计的基本流程

1）进一步分析和审查需求分析阶段得到的数据流图。

2）根据系统的数据流图形式来确定系统的数据处理方式属于"变换型"和"事务型"中的哪种类型。

3）根据不同数据处理类型，参照不同的方式，逐步给出初始的系统结构图。

4）利用模块的耦合性等启发式规则多次修改，得到最终的系统结构图。

5）根据需求分析阶段得到的数据字典和实体关系图进行数据库设计或者数据文件设计。

6）根据数据流图中对加工的说明、输入输出说明进行模块的接口设计。

7）使用详细设计工具如程序流程图、PDL 语言、盒图等描述模块内部的详细设计。

8）制定测试计划。

3.2 结构化系统设计实例——公共自行车租赁系统

在第 2 章中，我们已经得到了公共自行车租赁系统的需求分析。按照结构化设计的主要过程，本节首先对系统的模块进行划分，通过系统结构图来表示模块之间组成，然后用 PDL 语言来描述模块的内部结构，并给出了数据库的简单设计。

3.2.1 系统结构图

系统结构图反映了系统各个模块之间的层次关系，是软件系统结构的总体设计的图形化表示。将系统按功能逐次分割成层次结构，使每一部分完成简单的功能且各个部分保持一定的联系。根据第 2 章需求分析中得到的分层数据流图，我们知道公共自行车租赁系统的 DFD 图属于变换型数据流图，我们将相应的加工经过调整后得到对应的系统结构图如图 3-2 所示。

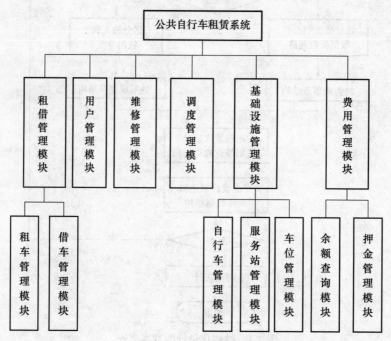

图 3-2　系统结构图

3.2.2 模块详细设计

本节用程序描述语言（Program Design Language，PDL）给出模块的详细设计。PDL 本质上是由所选的实现语言的控制语句连接起来的注释组成的。PDL 的优点在于它的清晰度和准确性，实现步骤常常仅由少数的几条注释或编程语句组成。代码清单 3-1 ～代码清单 3-5 分别对用户管理、基础设施管理、维修管理、租借管理、调度管理模块的内部逻辑进行描述。

代码清单 3-1　用户管理 PDL

```
void login(string role, string username, string password){
    switch(role)
    case admin:
        if(verify(username,password)==true){// verify 将账号密码与数据库对应信息对比
            // 页面跳转到 " 管理员页面 ";
            redirect_to_admin_page();
        }else{
            // 页面跳转到错误页面
            redirect_to_error_page();
        }
        break;
    case user or operator or repairer:
        if(verify(username,password)==true){// verify 将账号密码与数据库对应信息对比
            // 页面跳转到对应角色页面;
            redirect_to_role_page();
        }else{
            // redirect_to_error_page();
            页面跳转到错误页面
        }
}

boolean register(string type,string username,string password){
    if(repeat(username) is true){
        return false;
    }else{
        // add_to_database 将信息添加到数据库
        add_to_database(type,username,password);
    }
}

UserInfo retrieveUser(string username){
    UserInfo userInfo=null;
    userInfo = retrieve_database(string username);
    return userInfo;
}

boolean update(string type,string username,string password,Info details){
    if(retrieveUser()==null){
        return false;
    }else{
        // 更新数据库信息
        update_database();
        return true;
    }
}

boolean delete(string username){
    // 更新数据库信息
    if(retrieveUser()==null){
        return false;
    }else{
        update_database();
```

```
        return true;
    }
}
```

代码清单 3-2   基础设施管理 PDL

```
// 自行车信息管理
boolean addBike(BikeInfo bikeInfo){
    if(validate(bikeInfo) is false){
        print "信息错误";
        return false;
    }else{
        add_bike _to_database(bikeInfo);
        return true;
    }
}

boolean deleteBike(long bikeId){
    if(exist(bikeId) is false){
        print "删除错误"
        return false;
    }else{
        delete_bike_to_database(bikeInfo)
        return true;
    }
}

boolean updateBike(BikeInfo bikeInfo){
    if(validate(bikeInfo) is false){
        print "更新失败"
        return false;
    }else{
        update_bike_to_database(bikeInfo);
        return true;
    }
}

BikeInfo retrieveBike(long bikeId){
    if(exist(bikeId) is false){
        print "bikeId不存在";
    else{
        return retrieve_bikeinfo_from_database();
    }
}

// 服务站信息管理
boolean addStation(StationInfo stationInfo){
    if(validate(stationInfo) is false){
        print "信息错误";
        return false;
    }else{
        add_station _to_database(stationInfo);
        return true;
    }
```

```
    }

boolean deleteStation(long stationId){
    if(exist(stationId) is false){
        print " 删除错误 "
        return false;
    }else{
        delete_station_to_database(stationId)
        return true;
    }
}

boolean updateStation(StationInfo stationInfo){
    if(validate(stationInfo) is false){
        print " 更新失败 "
        return false;
    }else{
        update_station_to_database(stationInfo);
        return true;
    }
}

StationInfo retrieveStation(long stationId){
    if(exist(stationId) is false){
        print " stationId不存在 ";
    else{
        return retrieve_ station_from_database();
    }
}

// 车位信息管理
boolean addSlot (SlotInfo slotInfo){
    if(validate(slotInfo) is false){
        print " 信息错误 ";
        return false;
    }else{
        add_slot _to_database(slotInfo);
        return true;
    }
}

boolean deleteSlot (long slotId){
    if(exist(slotId) is false){
        print " 删除错误 "
        return false;
    }else{
        delete_slot_to_database(slotId)
        return true;
    }
}

boolean updateSlot (SlotInfo slotInfo){
    if(validate(slotInfo) is false){
        print " 更新失败 "
        return false;
    }else{
```

```
        update_slot_to_database(slotInfo);
        return true;
    }
}

SlotInfo retrieveSlot (long slotId){
    if(exist(slotId) is false){
        print " slotId不存在";
    else{
        return retrieve_ slot_from_database();
    }
}
```

<hr>

代码清单 3-3　租借管理 PDL

<hr>

```
// 借车
boolean rent(UserInfo userInfo,BikeId,SlotId){
    if(verifyUserInfo(userInfo)==false){
        print " 验证不通过";
        return false;
    }else{
        // 将车位信息更新为空
        set_slot_to_empty();
        // 更新用户的自行车租借借信息
        update_user_bike(userInfo,bikeInfo);
        // 更新自行车的出租情况
        update_bike_rent_status();
        // 检查是否支付押金
        if(hasDeposit()){
            return true;
        }else{
            print "未支付押金"
            return false;
        }
    }
}

// 还车
void return_back(UserInfo userInfo,String BikeId,String SlotId,String
StationId,long time){
    if(verifyUserInfo(userInfo)==false){
        print " 验证不通过";
        return false;
    }else{
        // 更新用户的自行车租借借信息
        update_user_bike(userInfo,bikeInfo);
        // 设置自行车状态为归还
        update_bike_return_status();
        if(slot not null)
            // 将车位信息与自行车信息对应
            set_slot_and_bike();
        }

        // cal_price(time) 计算租金, 并更新余额
        account_minus(calprice(time));
```

```
        }
    }

// 查询
void search(UserInfo userInfo, String  searchInfo){
    swich(searchInfo){
    case rentInfo:
        // 打印借还车信息
        print  retrieve _rentInfo_from_database();
    case accountInfo:
        // 打印借还车信息
        print retrieve _accountInfo_from_database();
    case history:
        // 打印租借历史记录信息
        print retrieve _history_from_database;
    }
}


// 计算租金
double cal_price(long time){
    if(time<=60){
        // 1 小时之内: 免费
        return 0;
    }else if(time<=120){
        // 1 小时以上 2 小时以内: 1 元
        return 1;
    }else if(time<=180){
        // 2 小时以上 3 小时以内: 2 元
        return 2;
    }else{
    // 3 小时以上: 每小时 3 元
        return 3*(time-180)
    }
}
```

代码清单 3-4 调度管理 PDL

```
list retrieve_dispatch_info(){
    // 从数据库中查询调度列表
}


void dispatch(){
    // 根据调度方案更新数据库信息, 调度方案是由 generate_ dispatch 具体实现, 算法将在设计阶段实现
}


void generate_ dispatch(Info dispatchInfo){
    // 调度算法
}
```

代码清单 3-5 费用管理 PDL

```
// 查询账户余额
void search_account();
// 押金管理
void deposit_pay();
```

3.2.3　数据库设计

数据库设计中的表结构如表 3-1 ~ 表 3-7 所示。

表 3-1　管理员、调度员、维修员、操作员表结构

字段名	字段类型	约束	描述
id	varchar	primary key	
name	varchar	not null	
password	varchar	not null	

表 3-2　租户表结构

字段名	字段类型	约束	描述
id	varchar	primary key	
name	varchar	not null	
isRent	boolean	not null	是否借车

表 3-3　IC 卡表结构

字段名	字段类型	约束	描述
id	varchar	primary key	市民卡卡号
type	varchar	not null	市民卡类型
account	double	not null	账户余额
despoit	boolean	not null	是否支付押金
userId	varchar	not null	用户 id

表 3-4　自行车表结构

字段名	字段类型	约束	描述
id	varchar	primary key	
isBad	bool	not null	是否损坏
isRent	bool	not null	是否已借
slotId	varchar		放置车位

表 3-5　服务站表结构

字段名	字段类型	约束	描述
id	varchar	primary key	
location	varchar	not null	位置，标识服务站所在位置
bikeNum	int	not null	标识服务点自行车数量

表 3-6　车位表结构

字段名	字段类型	约束	描述
id	varchar	primary key	
stationId	varchar	foreign key	服务站 id

表 3-7 租借情况结构

字段名	字段类型	约束	描述
id	varchar	primary key	
userId	varchar	foreign key	用户 id
bikeId	varchar	foreign key	自行车 id
rentDate	date		出租日期
returnDate	date		归还日期

3.3 详细设计工具学习

3.3.1 用 Visio 工具绘制程序流程图

假设我们有如下一段程序，如代码清单 3-6 所示。

代码清单 3-6 计算租金

```
// 计算租金
double cal_price(long time){
    if(time<=60){
        //1 小时之内：免费
        return 0;
    }else if(time<=120){
        //1 小时以上 2 小时以内：1 元
        return 1;
    }else if(time<=180){
        //2 小时以上 3 小时以内：2 元
        return 2;
    }else{
        //3 小时以上：每小时 3 元
        return 3*(time-180)
    }
}
```

利用 Visio 绘制程序流程图，以计算租金 PDL 为例。

在菜单栏中选择"文件"→"新建"→"流程图"→"基本流程图"。打开编辑视图，界面如图 3-3 所示，视图左侧为基本流程图形状工具，右侧为编辑区域。

绘制起始状态。在基本流程图工具中，终结符（即"开始 / 结束"图形），即椭圆形用于表示程序的起始与终结状态。与一般的 Visio 操作一样，单击终结符，按住不放，拖曳至编辑区适当的位置。双击进行文本编辑。我们直接输入"开始"，表示程序的入口，结果如图 3-4 所示。

绘制输入输出图形。一般用"数据"图形即平行四边形表示程序的输入输出。与上述步骤一样，我们将数据图形拖至"开始"图形下面，并命名为"输入时间"，结果如图 3-5 所示。

绘制程序路径。一般用"动态连接线"图形即箭头符号表示程序路径。在我们的例子中，程序是以开始流程为起点。将鼠标移动至绘制的图形处，在图形边缘会出现小箭头，这就是动态连接线，拖曳小箭头，会生成动态连接线，将"动态连接线"箭头拖至需要相连的图形，待箭头处出现红色方格后释放，结果如图 3-6 所示。

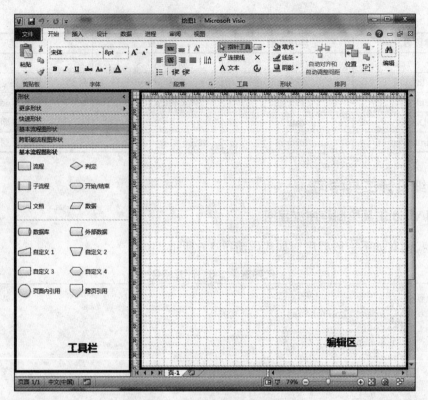

图 3-3　基本流程图编辑视图

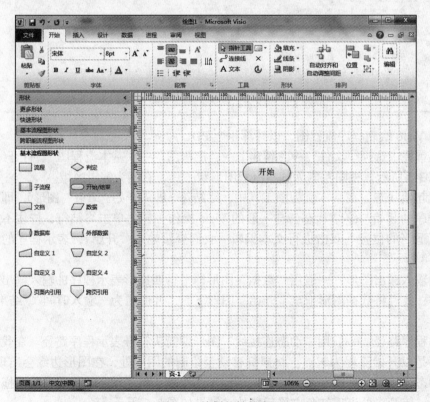

图 3-4　绘制起始状态

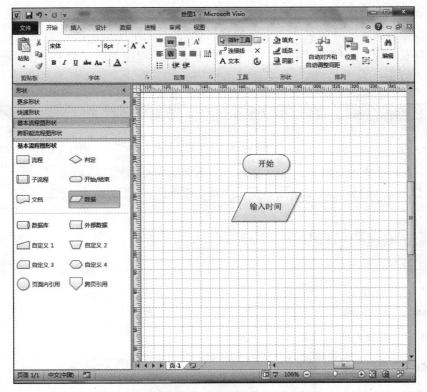

图 3-5　绘制输入状态

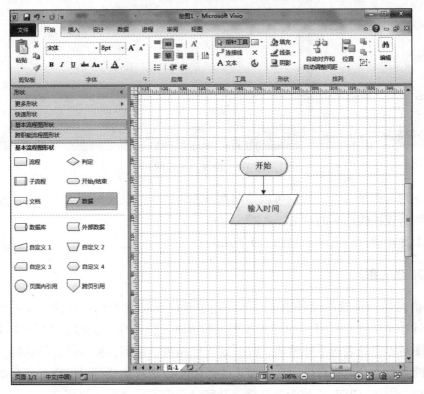

图 3-6　绘制程序路径

绘制数据处理图形。一般用"流程"图形，即长方形表示数据处理。和上述步骤类似，我们将图形拖至编辑区并命名为"time 格式转化"，与上个流程连接。

绘制判断流程。一般用"判定"图形，即菱形表示程序判断。与上述步骤类似，绘制并命名为"Time<=60"，连接，效果如图 3-7 所示。

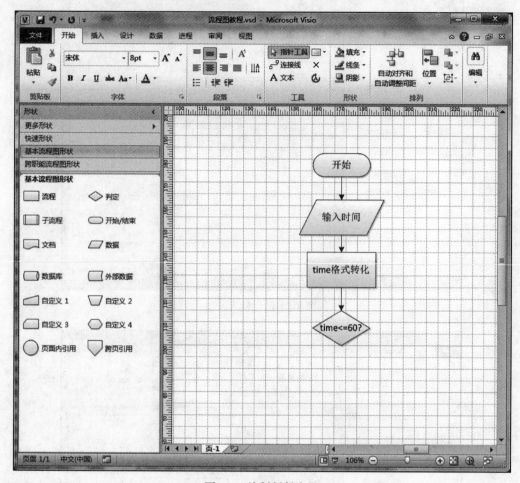

图 3-7　绘制判断流程

判断图形有两条分支，所以可以绘制两条连接线。一条表示判定通过的流程，另一条相反。分别将连接线命名为"T"、"F"，如图 3-8 所示。

重复上述步骤，最终结果如图 3-9 所示。

3.3.2　PDL 语言撰写

PDL 语言是一种软件设计语言，主要用于软件设计规约。在软件开发过程中，PDL语言是设计小组的通信工具。程序流程图虽然直观，但是它与编程语言的结构相差甚远，而且流程图对程序的表达不够精确；PDL 语言使用英语词汇，编程语言的结构，在规范和相对精确的基础上又具有自然语言的表达优势，PDL 语言甚至可以借助工具自动转换成编程语言执行。因此，PDL 已成为现在软件开发过程中不可缺少的一环。

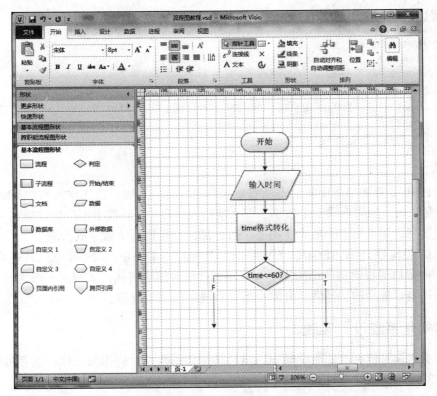

图 3-8　绘制判断路径

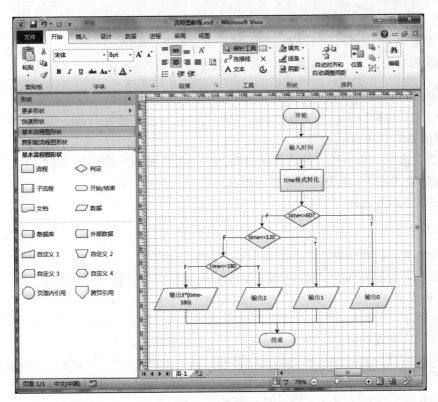

图 3-9　最终结果

下面是一个 PDL 排序算法的例子：

```
SORT(table, size)
  IF size > 1
    DO UNTIL no items were interchanged
      DO FOR each pair of items in table
        IF first item of pair > second item of pair interchange the two items
        ENDIF
      ENDDO
    ENDDO
  ENDIF
```

从上述 PDL 算法描述中我们不能看出该算法的处理过程：首先输入参数 table 和 table 的数字个数 size，如果不只 1 个数字，那么就进入循环（直到数字不产生对换）。对于每两个相邻的数字，如果第 1 个数大于第 2 个数，那么交换这两个数字的位置。

PDL 的关键字还有 BEGIN、END、IF、WHILE、LOOP、UNTIL 和 CASE 等。书写 PDL 语句时要以编程语句的结构来书写，注意代码的缩进格式，关键字一般大写。书写英语自然语句要尽量简洁、易懂，开发小组要有统一的书写规范。

3.4 结构化系统设计实践

本节要求读者依据前面所学知识，进行结构化系统设计的相关工作。读者可根据本节最后给出的评价标准检查对知识的掌握程度。

1. 目的和要求

1）掌握结构化系统设计的方法和基本过程。

2）掌握系统结构图、程序流程图、PDL 语言等设计方法。

3）熟悉 Visio 工具，掌握系统结构图、程序流程图等的绘制。

2. 实践内容

1）增加公共自行车租赁系统中调度服务功能，给出完整的自行车租赁系统结构图和调度管理模块的 PDL 语言描述。

2）继续选择一个小型实例或者教材后的学期项目做项目结构化系统设计，利用详细设计工具对项目设计中的关键模块做详细设计。

3）提交实践报告。

3. 实践步骤

1）进一步分析和审查需求分析阶段得到的数据流图。

2）根据系统的数据流图形式确定系统的数据处理方式属于"变换型"和"事务型"中的哪一种类型。

3）根据不同数据处理类型，参照不同的方式，逐步给出初始的系统结构图。

4）利用启发式规则多次修改，得到最终的系统结构图。

5）根据需求分析阶段得到的数据字典和实体关系图进行数据库设计或者是数据文件的设计。

6）根据数据流图中对加工的说明、输入输出说明等进行模块的接口设计。

7）使用详细设计工具如程序流程图、PDL 语言、盒图等描述模块内部的详细设计。

8）提交实践报告。其中实验中相关数据说明需要描述符合 GB/T 8567—2006 计算机软件文档编写规范中软件（结构）设计说明书的要求。如图 3-10 ~ 图 3-12 所示。

附录 A

4.1　体系结构

4.1.1　程序（模块）划分

用一系列图表列出本 CSCI 内的每个程序（包括每个模块和子程序）的名称、标识符、功能及其所包含的源标准名。

4.1.2　程序（模块）层次结构关系

用一系列图表列出本 CSCI 内的每个程序（包括每个模块和子程序）之间的层次结构与调用关系。用自然语言分别描述参与者的行为和系统行为，建议把参与者的行为靠左对齐书写，把系统行为靠较右的位置对齐书写。

在描述较复杂的含有循环或条件分支的行为时，可使用一些结构化编程语言的控制语句，如 while,for, if-then-else 等。

当要表明控制语句的作用范围时，可使用括号，如｛、｝或 begin、end 等，也可以使用标号，以便更清楚地表示控制走向。

如有必要，可使用顺序图、状态图或协作图描述参与者的行为和系统行为。

……

图 3-10　GB/T 8567—2006 计算机软件文档编写中体系结构的部分要求

5　CSCI 详细设计

……

5. x（软件配置项的项目唯一标识符或软件配置项组的指定符）

本条应用项目唯一标识符标识软件配置项并描述它。（若适用）描述应包括以下信息。作为一种变通，本条也可以指定一组软件配置项，并分条标识和描述它们。包含其他软件配置项的软件配置项可以引用那些软件配置项的说明，而无需在此重复。

a.（若有）配置项设计决策，诸如（如果以前未选）要使用的算法；

b. 软件配置项设计中的约束、限制或非常规特征；

……

f. 如果软件配置项包含逻辑，给出其要使用的逻辑，（若适用）包括：

1）该软件配置项执行启动时，其内部起作用的条件；

2）把控制交给其他软件配置项的条件；

3）对每个输入的响应及响应时间，包括数据转换、重命名和数据传送操作；

4）异常与错误处理。

……

图 3-11　GB/T 8567—2006 计算机软件文档编写中详细设计的部分要求

……

6.2　系统 / 子系统设计评审

在系统 / 子系统设计结束后必须进行系统 / 子系统设计的评审，以评价软件（结构）设计说明中所描述的软件设计在总体结构、外部接口、主要部件功能分配、全局数据结构以及各主要部件之间的接口等方面的合适性。

6.3　软件设计评审

在软件设计结束后必须进行软件设计的评审，以评价软件（结构）设计说明中所描述的软件设计，在功能、算法和过程描述等方面的合适性。

……

图 3-12　GB/T 8567—2006 计算机软件设计评审的部分要求

4. 评价标准

实践内容第 1 题：补充服务的设计合理，并提供了正确的结构图和 PDL 描述，可以获得 12 ~ 15 分；设计基本合理，结构图和 PDL 描述基本正确可以获得 9 ~ 11 分；设计明显不合理，结构图和 PDL 描述存在较多错误，给 8 分以下。

实践内容第 2 题：根据是否符合项目实际，并是否有完整的系统结构图、详细的 PDL 定义，以及定义是否正确来确定分数高低。对知识点掌握正确的可以给 75 ~ 85 分；描述简单，给 65 ~ 74 分；错误不多，给 51 ~ 64 分；没有完成项目系统设计要求，并含有较多错误的，给 50 分以下。

第4章 面向对象的软件分析

4.1 面向对象的软件分析方法概述

面向对象的分析（OOA）是面向对象范型的半形式化分析技术，需要根据软件系统的功能来建立具体的分析模型，从而达到两个主要目标：一是根据应用问题的需求，说明软件系统应包含的具体对象及相关规则和约束条件，建立功能模型和类模型；二是根据软件的具体功能，明确系统中的主要对象的分工和协同合作情况，建立动态模型。

应用问题的用例和类是开发软件的基础，作为面向对象范型的关键部分，面向对象工作通常需要从抽取类开始。从需求的角度看，这一过程是为了得到对需求更深层次的理解；从设计和实现的角度看，这一过程是按照"设计和实现更易于维护"这一思路来对需求进一步描述。

在软件分析期间，面向对象的软件分析工作往往是通过用例驱动的。通过对具体用例的功能分析和模型建立，可以抽取出三种类，这三种类分别是实体类、边界类和控制类。实体类为长期存在的信息进行建模；边界类为软件产品和它的参与者之间的交互行为建模；控制类为复杂的计算和算法建模。这三种类的UML符号如图4-1所示。

图4-1 实体类、边界类和控制类的UML表示

在面向对象分析中，实体类的抽取包括三个迭代和递增的步骤，依次为：功能建模、实体类建模和动态建模。

- 功能建模：提出所有用例的场景，每个场景都是用例的一个实例。
- 实体类建模：旨在确定实体类及其属性，继而确定实体类之间的交互关系和交互行为，并以类图的形式提供这个信息。
- 动态建模：确定每个实体类或子类执行的操作或对它们的操作。这三个步骤之间总是有序进行，一个模型的变化总会引发其他两个模型相应的修订。

面向对象分析的主要原则如下：

1）抽象原则：从事物的各个特征中舍弃个别的、非本质的特征，抽取共同的、本质性的特征，这一过程称为抽象。

抽象原则有两方面的意义：第一，尽管问题域中的事物较为复杂，但是软件分析员并不需要了解和描述它们的所有情况，只需要研究其中与目标对象相关联的事物及其本质特征即可；第二，可通过舍弃个体事物细节差异的方法，获取其共同特征，继而得到这一类事物的抽象概念。

抽象作为面向对象方法中使用最为广泛的原则，包括过程抽象和数据抽象两个方面。

过程抽象是指任何一个完成确定功能的操作序列，其使用者可以把它看作一个单一的实体，尽管实际上它可能是由一系列较为低级的操作完成的。数据抽象是根据施加于数据之上的操作来对数据类型进行定义，数据抽象是OOA的核心原则。它强调把数据（属性）

和操作（方法）结合为一个不可分的系统单位（即对象），对象的外部只需要知道它做什么，而不必知道它如何做。

2）封装原则：封装就是把对象的属性和方法结合为一个不可分的系统单位，并尽可能隐藏其他内部细节。

3）继承原则：派生类的对象拥有其基类对象的全部属性与方法，称为派生类对基类的继承。

在 OOA 中运用继承原则，就是在每个由基类和派生类组成的结构中，把基类的对象实例和所有派生类的对象实例共同具有的属性和服务进行一次性地显式定义。因此，在派生类中不再重复定义与基类相同的特性，但是在语义上，派生类却自动地、隐含地拥有它的基类（以及所有更上层的祖先类）中所定义的全部属性和方法。继承原则的好处是使系统模型比较简练。

4）分类原则：把具有相同属性和方法的对象划分为一类，用类作为这些对象的抽象描述。分类原则实际上是抽象原则运用于对象描述时的一种表现形式。

5）聚合原则：又称组装，其原则是把一个复杂的事物看成若干个比较简单的事物的组装体，从而简化对复杂事物的描述。

6）关联原则：即通过一个事物联想到另外的事物。能使人产生联想的原因是事物之间确实存在着某些联系。

7）消息通信原则：要求对象之间只能通过消息进行通信，而不允许在对象之外直接地存取或修改对象内部的属性。通过消息进行通信是由于封装原则引起的。在 OOA 中要求用消息连接表示对象之间的动态联系。

8）粒度控制原则：在面对一个复杂的问题域时，不可能在同一时刻既能纵观全局，又能洞察秋毫。因此需要控制自己的视野：考虑全局时，注意其全局组成部分，暂不详察每一部分的具体细节；考虑某部分的细节时则暂时撇开其余的部分。

9）行为分析原则：现实世界中事物的行为是复杂的。由大量事物所构成的问题域中的各种行为往往是相辅相成的。

4.2　面向对象的软件分析实例——公共自行车租赁系统

4.2.1　功能建模

功能建模主要通过用例设计和用例分析来体现系统所要实现的具体功能模块，往往通过用例图及其相应的用例说明来阐述软件系统的各个功能。用例描述了系统和它的参与者（外部用户）之间的交互行为，并提供整个功能的一般描述，场景是用例的一个特定实例，通常情况下每个场景都有与之相对应的交互行为。以公共自行车租赁系统为例，系统参与者主要有租户、操作员、调度员、维修员、系统管理员等，租户可以通过刷卡方式租用自行车，归还自行车；下面给出涉及租户和操作员的部分用例图，如图 4-2 所示。

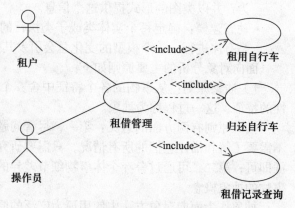

图 4-2　租户和操作员的部分用例图

下面给出租户及操作员租用和归还自行车的详细用例，如表 4-1 ～ 表 4-2 所示。

表 4-1 租用自行车用例场景描述

用例名称	租用自行车
主要参与者	租户 A、操作员 D
涉众及其关注点	1. 租户 A：希望能够便捷地租到自行车 2. 操作员 D：希望能够快速、方便地帮助租借用户完成人工租车服务 3. 公共自行车服务公司：希望用户能够顺利租用到服务站的自行车；希望在租用高峰期系统的租车服务工作能够稳定运行；希望自行车数量能够尽量与用户的租用需求相符；在租用高峰期操作员通过人工租赁服务减轻系统的租车服务压力
前置条件	租户 A 持有已开通租用自行车服务的 IC 卡 操作员 D 具有提供人工租车服务权限
后置条件	租户 A 可以顺利租得一辆状态为可借的自行车
基本路径	1. 租户 A 携带 IC 卡到就近服务站 B 2. 租户 A 将卡置于服务站 B 中任意一辆自行车对应的刷卡处并刷卡 3. 系统判断该车是否处于可借状态，若可借则进行下一步 4. 查看租户 A 是否已经缴纳保证金，若已缴纳保证金并且 IC 卡租借状态符合租车条件，则进行下一步 5. 锁止器解锁并发出声响，租户 A 可以将自行车推出 6. 借车操作完成
扩展路径	1. IC 卡发生故障，无法进行刷卡操作 （1）租户 A 携带 IC 卡到服务站的自助服务器 C 上选择异常卡处理操作 　①租户 A 将卡置于刷卡区 　②自助服务器 C 显示所有服务项 　③租户 A 选择异常卡处理项 　④系统进行异常卡处理工作 　⑤异常卡修复工作完成，若租户 A 结束自助操作则取回卡，否则回到② （2）租户 A 请求操作员 D 提供帮助 2. 租户 A 携带的卡尚未开通租车服务功能 租户可以请求操作员 D 帮助开通服务 　①租户 A 将卡交给操作员 D 　②操作员 D 通过 POS 机进行租赁服务开通，并扣去保证金 　③操作员 D 将卡归还给用户 A 　④租户 A 使用已经开通租赁服务的卡重新刷卡租车或者请求操作员 D 直接进行人工租车 3. 服务站 B 没有可供租赁的空闲车辆 （1）租户 A 可以前往下一个就近站点 （2）等待调度自行车运往当前自行车服务站 4. 自行车故障或损坏，无法正常行驶 （1）在 2 分钟内快速还车 　①租户 A 将自行车通过正常方式归还 　②系统通过故障判断机制记录快借快还的自行车，自动提出报修 　③租户 A 重新进行借车 （2）若站点具有维修人员，请求维修人员维修

表 4-2 归还自行车用例场景描述

用例名称	归还自行车
主要参与者	租户 A、操作员 D
涉众及其关注点	1. 租户 A：希望能够便捷地归还自行车 2. 操作员 D：希望能够快速、方便地帮助租借用户完成人工还车服务 3. 公共自行车服务公司：希望用户能够顺利归还自行车；希望在还车高峰期系统的还车服务工作能够稳定运行；在还车高峰期操作员通过人工租赁服务减轻系统的还车服务压力
前置条件	租户 A 已经成功租到一辆自行车 操作员 D 具有提供人工租车服务权限
后置条件	归还操作成功

（续）

用例名称	归还自行车
基本路径	1. 租户 A 将车推至服务站 B 的空车位中并刷卡 2. 系统检测到车位有车，获取卡中信息 3. 系统确认该卡租借状态为已借 4. 系统进行还车处理，统计租用总时间并按照收费标准扣除 IC 卡内租赁费用 5. 系统更改卡中租借状态，更新站点和自行车的相关信息 6. 锁止器发出声响 7. 还车成功
扩展路径	1. 卡无法在刷卡区进行感应 （1）租户 A 携带卡到服务站的自助服务器 C 上选择异常卡处理操作 　　①租户 A 将卡置于刷卡区 　　②自助服务器 C 显示所有服务项 　　③租户 A 选择异常卡处理项 　　④系统进行异常卡处理工作 　　⑤异常卡修复工作完成，若租户 A 结束自助操作则取回卡，否则回到② （2）请求操作员 D 提供相应帮助 2. 没有空位可以将车推入 （1）请求操作员 D 提供人工还车服务 　　①租户 A 将卡交于操作员 D 　　②操作员 D 在所持的 POS 机上将卡的信息输入 POS 机 　　③操作员 D 对租车人 A 身份、车辆号、租还车时间及费用进行核对 　　④操作员 D 对自行车损坏情况进行检查，如有损坏按照规定收取罚金 　　⑤操作员 D 根据手持 POS 机屏幕显示的租用信息，租车计时费用，向租车者 A 收费 　　⑥操作员将卡归还给用户 A 　　⑦租户 A 如需返还信用保证金，在服务点设置的自助服务机 C 上按提示进行操作，返还信用保证金 （2）将车推至其他就近服务站点进行还车操作

管理员相关的部分用例图如图 4-3 所示。

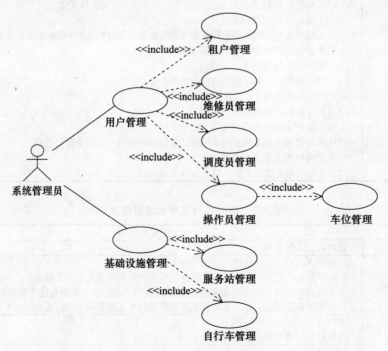

图 4-3　管理员的部分用例图

　　另外，在公共自行车租赁系统中，系统管理员通过租户管理用例可以添加、删除或者修改用户信息以及其他系统用户的信息；系统管理员通过服务站管理可以增添、删除服务站或者查询、修改服务站信息，同时也可以对每个服务站点的车位信息进行录入和更新；管理员通过自行车管理用例可以添加新车或报废旧车，并适时查询、修改自行车的有关信息。下面给出公共自行车租赁系统中服务站管理用例的场景描述，如表 4-3 所示。

表 4-3　服务站管理用例的场景描述

用例名称	服务站管理
主要参与者	系统管理员 A
涉众及其关注点	系统管理员 A：希望能够准确快速对服务站信息进行增、删、改、查 公共自行车服务公司：希望能够方便地对站点信息进行管理，尤其是增设或移除某些站点时能更高效，及时掌握服务站信息对于了解服务站拥挤程度和各站点用户的自行车数量需求，可以更好地完善公共自行车服务站点建设工作
前置条件	系统管理员 A 必须登录系统并具有服务站管理权限
后置条件	存储服务站有关更新信息，得到所查询服务站的具体信息
基本路径	1. 系统管理员 A 选择要进行的操作：增加服务站、修改服务站、删除服务站或者查询服务站 2. 除增加服务站操作外，系统管理员 A 输入所要操作的服务站编号或者服务站点名称，或者直接在下拉框选择具体服务站 3. 增加服务站，系统管理员 A 按系统提示录入新增站点的所有信息 4. 修改服务站，系统管理员 A 选择显示的服务站原有信息项，对需要修改的信息进行操作 5. 删除服务站，对所选择的服务站信息直接删除 6. 查询服务站，系统将显示选择服务站的现有信息 7. 若对现有站点信息做出更改，单击"保存"，系统保存信息并发送到外部数据库进行更新 8. 系统显示操作成功，并提示选择接下来所要进行的工作或者退出服务站管理 9. 选择退出服务站管理将返回系统上一级，否则回到第 1 步
扩展路径	1. 服务站信息包括车位信息 （1）增加服务站，系统管理员 A 需录入该站点具体新增车位数 （2）修改服务站，系统管理员 A 可以修改服务站点中车位数量 （3）查询服务站时，系统管理员 A 查询车位信息，系统显示该站点车位总数及所有车位的状态 2. 系统在任意时刻失败 系统管理员 A 重启系统，重新登录，请求恢复上一状态 3. 系统管理员 A 输入服务站信息不符合系统规范 （1）系统向管理员 A 提示输入有误，记录此错误 （2）系统管理员 A 重新输入相关信息 4. 在查找具体服务站时发现无效服务站编号 （1）系统提示错误并拒绝查找 （2）系统管理员 A 响应该错误，重新输入

　　此外，若要体现特定场景内交流的图形化表示还可以使用活动图或泳道图分层描述。如图 4-4 所示为租用自行车的活动图，如图 4-5 所示为租用自行车的泳道图。两图中均有同步条出现，这是因为当系统确认租户已经缴纳保证金后，一方面系统要修改租赁状态以及对站点、自行车数据的更新，另一方面要在租借记录表中新添加一条用户的租借记录，最后系统发出指令解锁并提示用户推出自行车。

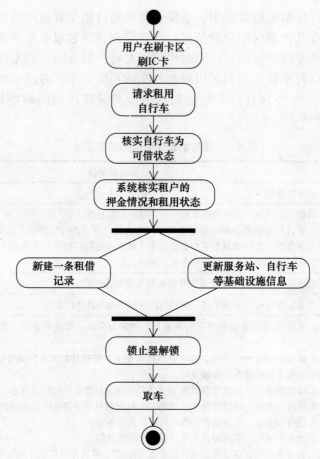

图 4-4   租用自行车活动图

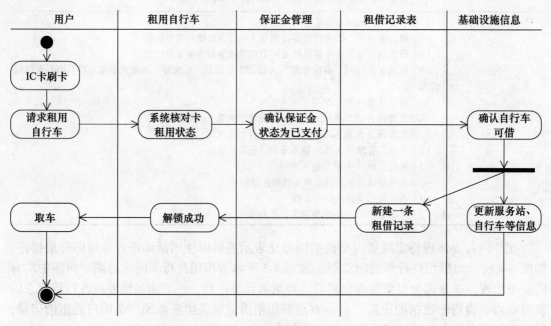

图 4-5   租用自行车泳道图

4.2.2　实体类建模

　　面向对象模型是一个类（包括其属性和行为）、对象（类的实例）、类和对象关系的定义集。在面向对象分析中，用例分析所得的类总是能够符合实体类、控制类、边界类中的某一种。比如，根据租借管理相关用例，可以得到下列分析类。

　　（1）实体类

　　租借记录：记录用户每一次租借和归还的详细记录。

　　用户信息：保存租户的相关个人信息。

　　自行车信息：保存自行车信息。

　　服务站信息：保存服务站信息，包括站点车位信息。

　　（2）控制类

　　租用自行车：负责租用自行车过程中系统特定指令和动作。

　　归还自行车：负责归还自行车过程中系统特定指令和动作。

　　查询租借记录：负责在用户查询时的请求和返回业务的相关指令和数据流。

　　（3）边界类

　　IC 卡接口：负责感应和获取刷卡动作产生的信息。

　　用户查询界面：用户进行查询记录时与系统交流的媒介。

　　由上述分析类，可以得到租借管理用例相关类图，如图 4-6 所示。

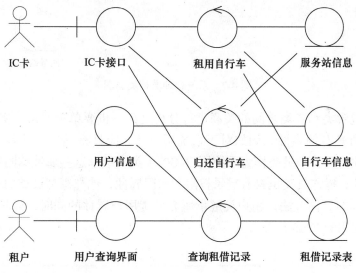

图 4-6　租借管理类图

　　图 4-6 展示了各个分析类之间的相互关系：租户刷卡并表明身份后，通过感应卡接口将卡中信息传递到系统内部，在执行租用自行车或者归还自行车一系列系统操作过程中，不仅要使用和修改用户卡账户中的账户信息，还要根据实际情况对租借记录表进行记录和更新，并对自行车、站点（包括车位的信息）进行更新；此外，用户还可以通过查询界面对租借记录进行查看，这些查询的信息和数据均由租借记录表提供。

　　系统管理员相关用例的类图，如图 4-7 所示。

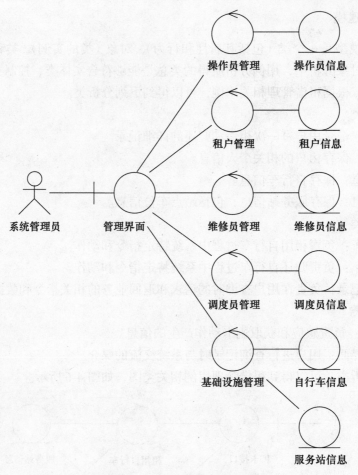

图 4-7　系统管理员相关类图

　　在对系统包含类和各类之间的关联进行分析之后，也要单独对每个实体类进行建模，确定每个对象所具有的属性。例如对于系统用户类，应具有编号、姓名、出生日期、电话、性别等属性，而管理员类作为系统用户类的子类在继承这些属性的同时，还应有登录密码和权限属性；操作员类也具有登录权限和权限属性，他与管理员类的不同在于这两个对象应具有不同的具体方法；租户类继承所有系统用户属性的同时，应具有 IC 卡编号属性，用于同所使用的 IC 卡相关联。

4.2.3　动态建模

　　动态模型应该体现系统中的用例各个对象间的协同合作关系和分工情况，通常可以通过顺序图、协作图等具体图表来表示。一旦通过用例确认的事件，就可以创建一个顺序图。顺序图与协作图相比，前者更强调事件的时间关系。如图 4-8 所示，图中给出了公共自行车租赁系统中"租用自行车"用例的顺序图。在用例交互中，参与者对系统发起事件，通常需要某些系统操作对这些事件加以处理。在"租用自行车"顺序图中，参与者是租借用户，租户将 IC 卡置于刷卡区请求系统对还车操作进行处理，即由刷卡操作所引发出的一系列动作。

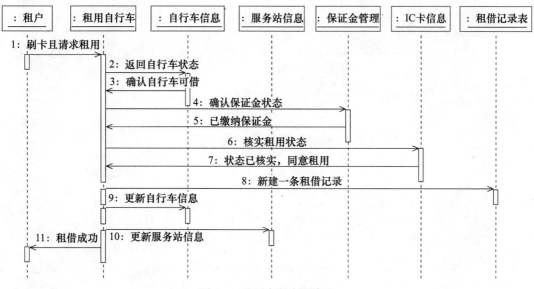

图 4-8 租用自行车顺序图

归还自行车用例的顺序图，如图 4-9 所示。

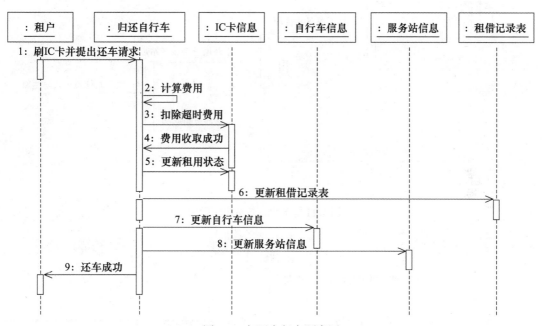

图 4-9 归还自行车顺序图

租借用户查询租借记录顺序图如图 4-10 所示。

管理员新增服务站用例顺序图如图 4-11 所示。

图 4-12 是租借用户的租用自行车用例所对应的协作图，协作图强调的是发送和接受消息的对象之间的组织结构，感应卡接口是用户向系统发送请求的媒介，系统则是通过识别携带的信息来确认租借用户身份，继而完成租用自行车的一系列动作并完成相关信息的更新，总体思路应与顺序图的设计一致。

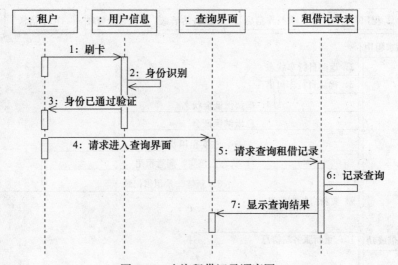

图 4-10   查询租借记录顺序图

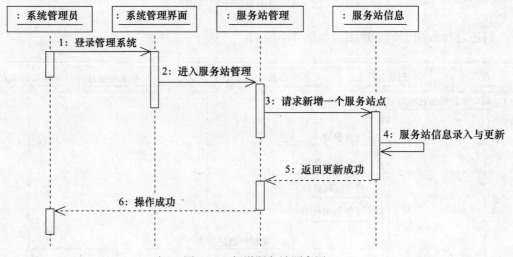

图 4-11   新增服务站顺序图

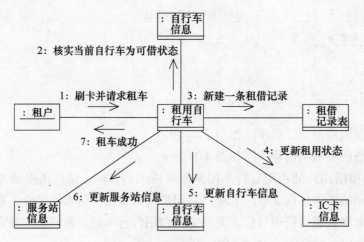

图 4-12   租用自行车协作图

归还自行车用例协作图如4-13所示。

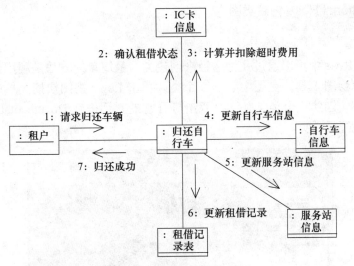

图 4-13 归还自行车协作图

查询租借记录用例协作图如4-14所示。

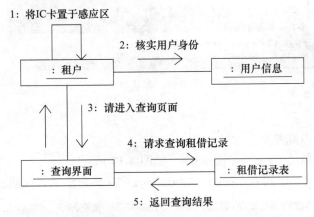

图 4-14 查询租借记录协作图

管理员新增服务站用例协作图如4-15所示。

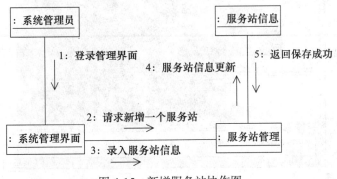

图 4-15 新增服务站协作图

4.3   面向对象分析工具学习

4.3.1   使用 Rational Rose 创建类图

1. 创建类

在 Rational Rose 中可以通过几种途径来创建类。最简单的方法是利用模型的 Logic 视图中的类图标和绘图工具，在图中创建一个类。单击 Logic 视图快捷菜单的 New → Class（如图 4-16 所示），创建一个类，并通过双击打开它的对话框在 Documentation 字段中添加文本来对这个类进行说明。

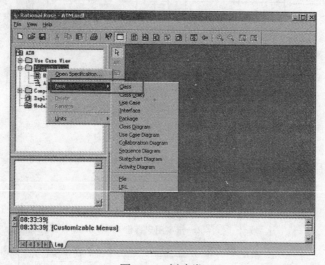

图 4-16   创建类

2. 创建方法

1）选择浏览器中或类图上的类。

2）使用快捷菜单的 New → Operation，如图 4-17 所示。

3）输入方法的名字，可在 Documentation 字段中为该方法输入描述其目的的简要说明。

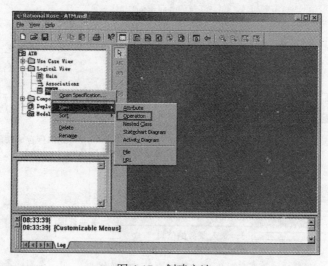

图 4-17   创建方法

3. 创建属性

1）选择浏览器中或类图上的类。

2）使用快捷菜单的 New → Attribute。

3）输入属性的名字，可在 Documentation 字段中为该属性输入描述其目的的简要说明。

4. 创建类图

右击浏览器内的 Logical 视图，选择 New → Class Diagram。把浏览器内的类拉到类图中即可，如图 4-18 所示。

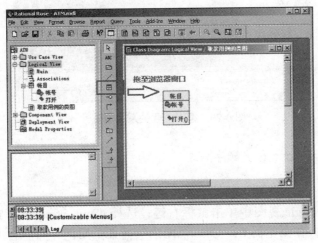

图 4-18　创建类图

5. 创建类之间的关系

1）类之间的关系在工具栏中显示。

2）对于关联关系来说，双击关联关系，就可以在弹出的对话框中对关联的名称和角色进行编辑，如图 4-19 所示。

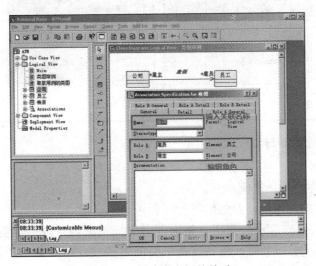

图 4-19　创建类之间的关系

3）编辑关联关系的多重性：右击所要编辑的关联的一端，在弹出的菜单中选择 Multiplicity，然后选择所要的基数，如图 4-20 所示。

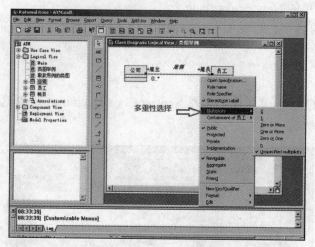

图 4-20　编辑关联关系的多重性

4.3.2　使用 Rational Rose 创建顺序图

1. 创建顺序图

在浏览器内的 Logic 视图中单击鼠标右键，选择 New → Sequence Diagram 就新建了一张顺序图。也可以在浏览器 Use Case 视图中选择某个用例，然后右击这个用例，选择 New → Sequence Diagram，如图 4-21 所示。

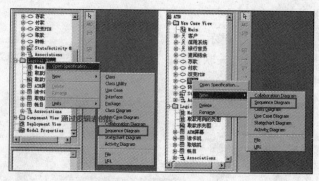

图 4-21　创建顺序图

2. 在顺序图中放置参与者和对象

顺序图中的主要元素之一就是对象，相似的对象可以被抽象为一个类。顺序图中的每个对象代表了某个类的某一实例。

1）把用例图中的该用例涉及的所有参与者拖到顺序图中。

2）选择工具栏中的 Object 按钮，单击框图增加对象。可以选择创建已有类的对象，也可以在浏览器中新建一个类，再创建新的类的对象。双击对象，在弹出的对话框中的 Class 里确定该对象所属的类。

3）对象命名：可以为对象命名，也可以不为对象命名。双击对象，在弹出的对话框中的 Name 里为对象命名，如图 4-22 所示。

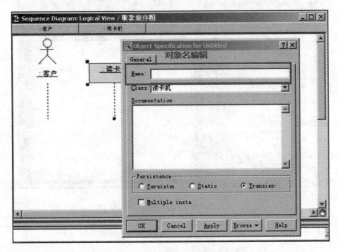

图 4-22 放置参与者和对象

3. 说明对象之间的消息

1）选择 Message 工具栏按钮。

2）单击启动消息的参与者或对象，把消息拖到目标对象和参与者。

3）命名消息。双击消息，在对话框中 General 里的 Name 中输入消息名称，如图 4-23 所示。

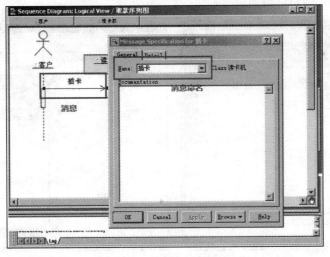

图 4-23 对象之间的消息

4.3.3 使用 Rational Rose 创建协作图

1. 增加对象链接

1）选择 Object Link 工具栏按钮。

2）单击要链接的参与者或对象。

3）将对象链接拖曳到要链接的参与者或对象，如图 4-24 所示。

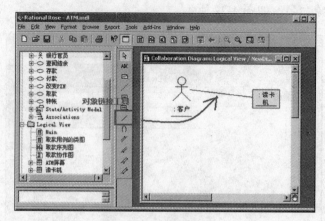

图 4-24   增加对象链接

2. 添加消息

1）选择 Link Message 或 Reverse Link Message 工具栏按钮。

2）单击要添加消息的对象链接。

3）双击消息，可以在弹出的对话框里为消息命名，如图 4-25 所示。

3. 自反链接

1）选择 Link to Self 工具栏按钮。

2）单击要链接的对象，会增加一个消息的箭头，如图 4-26 所示。

3）双击消息，为自反链接命名。

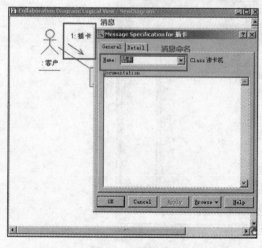

图 4-25   添加消息

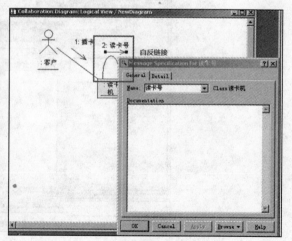

图 4-26   自反链接

4.3.4   使用 Rational Rose 创建状态图

1. 创建状态图

1）在浏览器中右击类。

2）选择 New → Statechart Diagram，为该类创建一个状态图（见图 4-27），并命名。

2. 在图中增加状态

1）选择工具栏的 State 按钮，单击框图增加一个状态，双击状态为其命名。

2）选择工具栏的 Start State 和 End State，单击框图增加初始状态和终止状态。初始状态是对象首次实例化时的状态，状态图中只有一个初始状态。终止状态表示对象在内存中被删除之前的状态，状态图中有 0 个、1 个或多个终止状态，如图 4-28 所示。

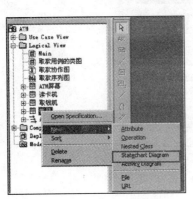

图 4-27　创建状态图

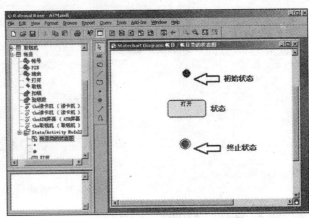

图 4-28　增加状态

3. 状态之间增加交接

1）选择 State Transition 工具栏按钮。

2）从一种状态拖到另一种状态。

3）双击交接弹出对话框，可以在 General 中增加事件（Event），在 Detail 中增加保证条件（Guard Condition）等交接的细节，如图 4-29 所示。事件用来在交接中从一个对象发送给另一个对象，保证条件放在中括号里，控制是否发生交接，如图 4-30 所示。

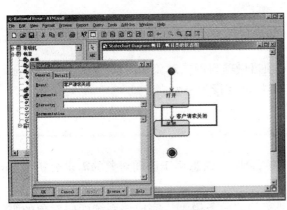

图 4-29　增加事件

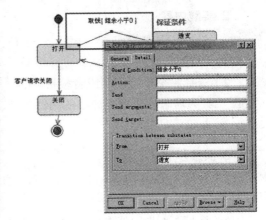

图 4-30　增加保证条件

4. 在状态中增加活动

1）右击状态并选择 Open Specification。

2）选择 Action 标签，右击空白处并选择 Insert。

3）双击新活动（清单中有"Entry/通知客户"）打开活动规范，在 Name 中输入活动细节，如图 4-31 所示。

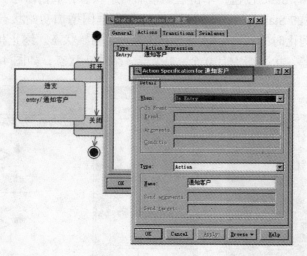

图 4-31   增加活动

4.4   面向对象的软件分析实践

本节将基于前面所介绍的知识，要求读者完成面向对象软件分析的相关工作。读者可根据本节最后给出的评价标准检验知识的掌握程度和学习效果。

1. 目的和要求

1）掌握面向对象的分析方法。

2）熟悉 Rational Rose 工具，掌握 UML 中的用例图、类图、顺序图、协作图、状态图的绘制。

2. 实践内容

1）进一步对公交自行车租赁系统进行需求分析，完成人工操作员还车的用例图、场景描述、类图和顺序图。

2）选择一个小型实例或者教材后的学期项目做项目面向对象的需求分析，用 Rational Rose 工具为需求分析建立详细的用例模型、类模型和行为模型。

3）提交实践报告。

3. 实践步骤

1）根据 Rational Rose 实例详解和工具使用说明，熟悉用于面向对象的需求分析部分常用 UML 图。

2）根据 1.4 节软件需求获取实践中小型实例的业务模型，完成该系统面向对象的需求分析。

3）提交实践报告。实验中对需求概述说明和需求规格的说明需要描述符合 GB/T 8567—2006 计算机软件文档编写规范中软件说明书的要求。其中部分节选内容如附录 A 所示。

4. 评价标准

实践内容第 1 题：对人工操作员还车用例给出了提供了正确的需求分析，各种图绘制正确可以获 12 ~ 15 分；分析基本合理，各种图绘制基本正确给 9 ~ 11 分；分析不合理或者图中存在大量错误给 8 分以下。

实践内容第 2 题：根据需求分析是否符合项目实际，并且是否有完整类图、顺序图以及分析是否正确来确定分数高低。对知识点掌握正确的可以得 75 ~ 85 分；描述简单，给 65 ~ 74 分；错误不多，给 51 ~ 64 分；没有完成项目系统分析要求，并含有较多错误的，给 50 分以下。

第5章　面向对象的软件设计

5.1　面向对象的软件设计方法概述

面向对象设计（OOD）是一种软件设计方法，是一种工程化规范。其主要作用是对面向对象分析（OOA）的结果进一步规范化整理。

面向对象设计的原则主要有：

1）模块化。对象就是模块，面向对象软件开发模式很自然地支持了把系统分解成模块的设计原理：通过对象封装，把数据结构和操作这些数据的方法结合在一起。

2）抽象。面向对象方法同时支持过程抽象和数据抽象。

3）信息隐藏。信息隐藏通过对象的封装性实现：类结构分离了接口与实现，从而支持了信息隐藏。因此对于用户来说，属性的表示方法和操作的实现算法都应该是隐藏的。

4）弱耦合。耦合指一个软件结构内不同模块相互关联的紧密程度，弱耦合有助于使系统中某一部分的变化对其他部分的影响程度降到最低。

5）强内聚。内聚衡量一个模块内各个元素彼此结合的紧密程度，在设计时应该力求做到高内聚。

6）可重用。重用有两方面的含义：一是尽量使用已有的类（包括开发环境提供的类库，以及以往相似软件设计时创建的类）；二是如果确实需要创建新类，则在设计这些新类时，应该考虑将来的可重用性。

此外，面向对象设计还有如下启发规则。

1. 设计结果应该清晰易懂

使设计结果清晰、易读、易懂，是提高软件可维护性和可重用性的重要措施。保证设计结果清晰易懂的主要因素有：

1）用词一致。类及其属性、方法名称与它所代表的对象一致，且应尽量符合大众的使用习惯。不同类中功能一致的方法名应该统一。

2）使用已有的协议。如果软件项目组的其他设计人员已经建立了类的协议，或者所使用的类库中已有相关协议，则应使用这些已有的协议。

3）减少消息模式的数目。对于已有标准的消息协议，设计人员应该遵守这些协议标准。如果确实需要自己建立消息协议，则应该尽量减少消息模式的数目，并尽量做到模式一致。

4）避免模糊定义。单个类的用途是有限的，且可以较容易地通过类名推测其功能或用途。

2. 设计简单类

应该尽量设计精小的类，以便于开发和管理。当类的设计过于复杂时，它的所有方法的运行将会遇到困难。为使类保持简单，应该注意以下几点：

1）避免包含过多属性。属性的数量直接影响类的复杂程度，这是因为一个拥有众多属性的类往往需要实现多种多样的具体方法。

2）定义应当明确。为了使类的定义明确，分配给每个类的任务需尽可能简单，以能通过简单语句进行功能描述为佳。

3）弱化对象之间的合作关系。如果需要多个对象协同配合来实现具体方法，往往会破坏类的清晰性和简明性。

3. 使用简单的协议

通过复杂消息相互关联的对象是紧耦合的，对一个对象的修改往往引起其他对象的相应改动。一般来说，消息中的参数最好不超过 3 个。

4. 使用简单的服务

面向对象设计中的类的方法通常比较简单，一般只有 3 ~ 5 行源程序语句，可以用仅含一个动词和一个宾语的简单句子描述它的方法功能。如果一个类的方法中包含了过多的源程序语句，语句出现多层嵌套的情况，或是出现复杂的 CASE 语句，则应该仔细检查这个方法的实现，并设法分解或简化它。

5. 把设计变动减至最小

在软件设计过程中，设计质量越高，设计结果的持久性越好。当在特殊情况下不得不对设计进行修改时，应尽可能地缩小修改的范围。

OOD 主要有如下几个步骤：

第 1 步：精化重组类。

第 2 步：精化并实现各类间的关系，尤其需要明确其可见性。

第 3 步：增加类的具体属性，并指定属性的类型与可见性。

第 4 步：分配不同类的功能和职责，定义执行每个功能所需要的方法。

第 5 步：通过消息驱动的软件系统，进一步明确消息的传递方式。

第 6 步：利用设计模式进行局部设计。

第 7 步：设计详细的类图、协作图和顺序图。

5.2 面向对象的软件设计实例——公共自行车租赁系统

5.2.1 实体类精化

在公共自行车租赁系统面向对象的软件分析实验中已经给出了部分类的关系，但详细设计时需添加之前没有考虑到的类，并且理清所有类之间的对应关系。

在面向对象分析时，通过对系统各个类的用例分析，已设置了部分类的具体属性。为了进一步细化各个类之间的方法，需要根据实际需求增设具体的其他属性和方法，设计这些的具体实现。表 5-1 为公共自行车租赁系统中的主要实体类及其重要属性和基本方法。

表 5-1　公共自行车租赁系统中的实体类

类名	属性	主要方法	方法说明
系统用户 user	id：string name：string bornDate：Date phone：string sex：string	insertUser() deleteUser() modifyUser() returnUserInfor()	新建一个用户 删除一个用户 修改用户信息 返回用户信息
租户 rentUser	cardId：string		
系统管理员 admin	password：string permission：string	loginPermit() setPermission()	核实登录信息 设置权限
操作员 operator	permission：string	setPermission()	设置权限
IC 卡信息 card	cardId：string type：string permission：string cardStatus：bool bikeId：string money：double	vertifyCardStatus() updateCardStatus() returnUserInfor() updateMoney()	核实卡的租用状态 更新卡的租借状态 返回卡信息 更新余额
自行车信息 bike	bikeId：string bikeStatus：bool stationId：string siteId：string	updateBikeStatus() insertBike() deleteBike() modifyBike() returnBikeInfor()	更新自行车状态 增添一辆自行车 删除一辆自行车 修改自行车信息 返回自行车信息
服务站信息 station	stationId：integer location：string capacity：integer bikeNum：integer siteIdArray[]：siteId	reduceBikeNum() addBikeNum() insertStation() deleteStation() modifyStation() returnStationInfor()	站点自行车数减少 站点自行车数增加 添加一个服务站信息 删除一个服务站信息 修改服务站信息 返回服务站信息
车位信息 site	siteId：integer stationId：integer isEmpty：bool	updateSiteStatus() insertSite() deleteSite() modifySite() returnSite()	更新站点中车位的状态 添加一个车位信息 删除一个车位信息 修改车位信息 返回车位信息
租借记录表 record	recordId：string cardId：string startTime：Time stopTime：Time fee：double	insertRecord() updateEndTime() updateFee() returnRecord()	增添一条租借记录 更新租借记录归还时间 更新租借记录的费用项 返回记录

在确定每一个类的具体属性之后需要进行具体方法的设计，对公共自行车租赁系统这一实例而言，需要注意以下几点：

1）需考虑所有用户信息的增、删、改、查功能，设定相应的方法。

2）考虑到租车和还车时，IC 卡中状态信息的更新情况设定具体方法对状态进行修改，并且在租还车过程中还涉及 IC 卡账户中金额的增减，这些都需要在用户卡账户类中增设相应的状态属性和方法函数。

3）需考虑站点内自行车随着用户借还动态发生改变时，具有能体现出自行车数量属性值的变动情况的相应函数，这对于公共自行车的调度工作有很大的帮助。

4）自行车信息中的 bikeStatus 属性用于表示自行车是否可借，并能根据借还的变化进行动态更新，以便系统在收到租车请求时可以及时通过车辆状态找到可借车辆。

在类图的精化设计中不仅要得到每个类中的属性和方法，还要有方法的粗略实现，即根据实际操作，对部分方法进行详细设计。在这里，我们用伪代码 PDL 语言来体现方法的实现过程，如下为 IC 卡信息类的详细设计的代码，包括具有代表性的部分方法的详细设计情况。

```
class card
{
    public string cardId;                      // 卡号
    public string type;                        // 卡种
    public string permission;                  // 卡的权限
    public bool cardStatus;                    // 租用状态：0 表示未租；1 表示已租
    public string bikeId;                      // 租用自行车号

    public bool vertifyCardStatus()
    {
        if( under the request of renting bike ) // 若当前系统处于请求租用状态
        {
            if(cardStatus==0)
            {
                return true;                    // 若处于未租状态，同意租用
            }
            else
            {
                return false;
            }
        }
        else                                    // 若当前系统正处于请求归还自行车状态
        {
            if(cardStatus==1)
            {
                return true;                    // 若处于已租状态，同意归还
            }
            else
            {
                return false;
            }
        }
    }

    public void updateCardStatus()
    {
        if(rentStatus==true)                    // 若当前状态为已借，将其更新为未借；
        {
            rentStatus=false;
        }
        else                                    // 若当前状态为未借，将其更新为已借
        {
            rentStatus=true;
        }
    }
}

class station
```

```
{
    private integer stationId;
    private string location;
    private integer capacity;
    private integer bikeNum;

    public void addBikeNum()
    {
        if(there is a bike returned)          // 若服务站有自行车归还，更新自行车数
        {
            bikeNum++;
        }
    }

    public void reduceBikeNum()
    {
        if(there is a bike rented)            // 若服务站有自行车被借，更新自行车数
        {
            if(bikeNum>0)
            {
                bikeNum--;
            }
        }
    }
}
```

此外，在公共自行车租赁系统的软件设计中，除了实体类以外还有一些不可缺少的控制类，表 5-2 中列出的几个类依次对应租用自行车、归还自行车、保证金管理。需要特别注意的是，在租用自行车时不仅要判断自行车是否处于可借状态，还需要判断 IC 卡的租用状态，若该卡已借自行车但未归还，则无法再次借用自行车；同时，还需要满足用户已经缴纳规定金额的保证金，这样才能成功借车。

表 5-2   自行车租赁系统中控制类

类名	属性	主要方法	方法说明
rentBike	successOrLoss：bool	checkBikeStatus()	核实自行车是否可借
		checkCardStatus()	核实用户
		checkDeposit()	核实保证金情况
		returnOK()	返回操作结果
returnBike	successOrLoss：bool	countFee()	计算费用
		deductFee()	扣除费用
		returnOK()	返回操作结果
depositCenter	depositStatus：bool	changeDepositStatus()	修改保证金状态

returnBike 类中的 deductFee 方法所包含的 countFee 函数是系统按照公共自行车收费标准对服务进行费用计算。已知费用收取规定如下：

1 小时之内：免费

1 小时以上 2 小时以内：1 元

2 小时以上 3 小时以内：2 元

3 小时以上：每小时 3 元

优惠：凡乘公交车，在公交车 POS 机上刷卡乘车起的 90 分钟内租用公共自行车的，租车者的免费时间可延长为 90 分钟，同时计费结算时间也相应顺延。

具体代码如下：

```
public double countFee()
{
    if( user had used card on bus in 90 mins)
    {
        freeTime=1.5 hour;
    }
    else
    {
        freeTime=1 hour;
    }
    double time = countTime();                  //计算租赁总时长，不足1小时部分以1小时计算
    if(time<= freeTime)
    {
        fee=0;                                  //免费租赁
    }
    else
    {
        fee = (time-freeTime) *1 yuan;          //超过1小时但不超2小时以每小时1元收费
        else if ((time-freeTime)> 2 hours)
        {
            fee += (time- freeTime-2) *2 yuan;  //超过2小时但不超3小时以每小时2元收费
        }
        else if (time>3 hours)
        {
            fee + = (time- freeTime -3 ) *3 yuan;//超过3小时部分以每小时3元收费
        }
    }
    return fee;
}
```

5.2.2　协作图精化

如图 5-1 所示为精化后的租户刷 IC 卡租用自行车的协作图。用户通过刷卡来触发整个事件，系统通过 IC 卡中的信息来判断用户是否具有租车的权限，如具有权限则扣除保证金，将自行车的锁止器解锁，此时用户若在 30 秒内将车推出，则刷卡租车的操作就可以成功。

我们可以通过具体方法体现不同设计类的协作关系。即站在系统的角度，对一些业务对象的具体交互进行简单的描述，设计的重点在于对象之间交互的消息。

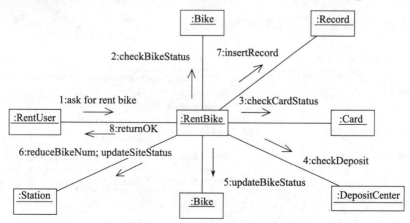

图 5-1　租用自行车精化协作图

归还自行车用例精化协作图如图 5-2 所示。

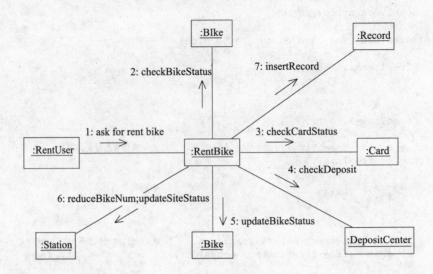

图 5-2　归还自行车精化协作图

查询租借记录用例精化协作图如图 5-3 所示。

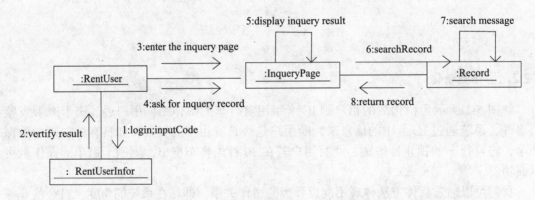

图 5-3　查询租借记录精化协作图

增加服务站用例精化协作图，如图 5-4 所示。

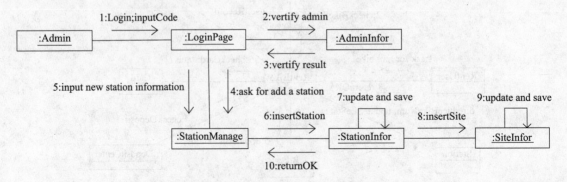

图 5-4　增加服务站精化协作图

5.2.3　顺序图精化

　　精化后的顺序图更加细化了各个对象在该用例下所涉及的具体方法，一些在用例实现时的请求和应答的响应也得以体现。图 5-5 所示为租户租用自行车用例的精化顺序图。

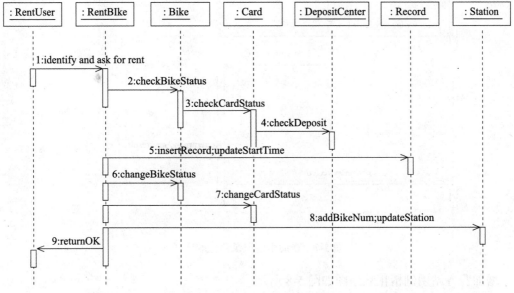

图 5-5　租用自行车精化顺序图

归还自行车用例精化顺序图如图 5-6 所示。

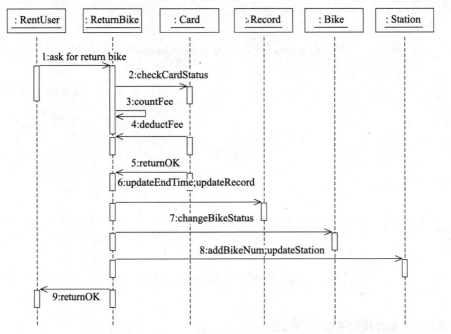

图 5-6　归还自行车精化顺序图

查询租借记录精化顺序图如图 5-7 所示。

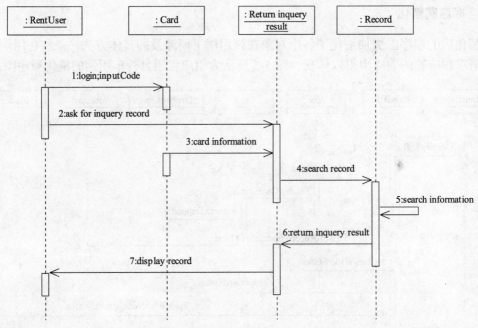

图 5-7　查询租借记录精化顺序图

增加服务站用例精化顺序图如图 5-8 所示。

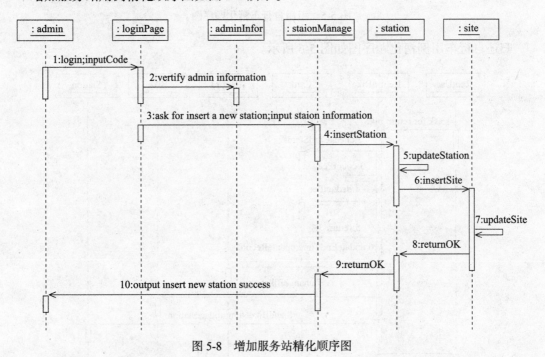

图 5-8　增加服务站精化顺序图

5.3　面向对象的软件设计实践

　　本节将在前面介绍的相关知识的基础上，要求读者完成面向对象软件设计的相关工作，并可根据本节最后给出的评价标准检验对知识的掌握程度。

1. 目的和要求

1）掌握面向对象的设计方法和设计原则。

2）熟悉 Rational Rose 工具，掌握 UML 中的用例图、类图、顺序图、协作图、状态图的绘制。

2. 实践内容

1）对公交自行车租赁系统设计实例进行审核，指出 2 ~ 3 个系统设计问题，并提出建议。

2）完成一个小型实例或者教材后的学期项目的面向对象设计。

3）提交实践报告。

3. 实践步骤

1）利用 Rational Rose 工具为系统建立更为详细的类模型和行为模型。

2）对类的方法和属性给出详细的设计和说明。

3）提交实践报告。其中实践中对设计的说明需要描述符合 GB/T 8567—2006 计算机软件文档编写规范中软件设计说明书的要求。

4. 评价标准

实践内容第 1 题：回答合理，并提供了正确的问题解决办法，可以获 12 ~ 15 分；指出问题，解决方法基本合理，给 9 ~ 11 分；没有回答，或者建议明显失实，给 8 分以下。

实践内容第 2 题：根据软件设计是否符合项目实际，类图是否完整、类中的重要方法是否给出详细设计，顺序图以及分析是否正确来确定分数高低。对知识点掌握正确的可以得到 75 ~ 85 分；描述简单，给 65 ~ 74 分；错误不多，给 51 ~ 64 分；没有完成项目系统设计要求，并含有较多错误的，给 50 分以下。

第6章　软件项目管理计划

6.1　软件项目管理计划概述

软件项目管理计划是指对软件项目实施所涉及的活动、资源、任务、进度等方面做出的预先规划。主要包括活动和任务的计划、资源的计划和进度的计划等。主要涉及以下几个方面的内容：

1. 活动和任务的计划

这里所指的活动和任务来自于软件过程，它明确描述了软件开发过程中应做哪些方面的工作以及这些工作之间的关系。例如软件过程应包含以下任务和活动：需求分析、软件概要设计、软件详细设计、编码和单元测试、集成测试、确认测试、用户培训等。软件项目计划可对软件过程所定义的各种活动和任务做进一步的细化和分解，详细描述完成工作所需的具体步骤和逻辑顺序，从而更好地指导软件项目的实施和管理。例如为了加强需求分析阶段的软件项目管理，软件项目计划可以对"需求分析"活动做进一步的细分，将它分解为：需求调查、需求分析和建模、撰写软件需求规格说明书以及需求评审等四个子活动，然后再针对这些子活动制定开发计划。

2. 资源的计划

软件项目的开发需要大量、不同形式的资源，包括：人员、经费、设备等。软件项目计划需要对这些资源的使用进行预先规划。例如如何针对不同活动的特点有计划地分配资源（人员、资金、设备等），软件项目组人员在软件项目实施过程中扮演什么样的角色、承担哪些责任和参与哪些活动等。

3. 进度计划

任何软件项目都有进度方面的要求和限制。进度计划描述了软件项目实施过程中各项软件开发活动和任务的进度要求。例如软件开发活动按什么样的时间进度开展实施，何时开始，何时结束；不同活动在时间周期上如何衔接等。进度计划是软件项目计划中最为重要和最难制定的部分，它将对软件项目的开发产生重大影响。因此，软件项目负责人应重点关注进度计划的制定。

提出项目管理计划可以参看 IEEE 标准 1058[1998]，该计划的大致组成如下：

1）项目简介
2）参考材料
3）定义和缩略语
4）项目组织
5）管理过程计划
6）技术过程计划
7）支持过程计划
8）附加计划

6.2 软件项目管理计划实例——公共自行车网站

假设 A 公司现有一个公共自行车网站项目，具有公共自行车租赁系统介绍、用户查询、自行车网点信息和用户交流论坛等内容。A 公司委托项目小组 B 完成该项目。B 小组包括项目负责人 MM，程序开发人员 XX、YY 和 ZZ。B 小组拟写的公共自行车网站项目管理计划书如下：

1. 简介

1.1 项目概述

1.1.1 意图、范畴和目标

项目的目标是开发一个网站，能够展现公共自行车租赁系统的相关信息。并提供查询用户和网点信息。

1.1.2 项目可交付使用

整个产品包含用户手册，预计将在项目开始后 20 个星期内交付使用。

1.1.3 时间表和预算概述

每个工作流周期、人员以及预算如下：

需求流（两个星期，两名软件需求分析人员，6 000 元）

分析流（两个星期，两名软件需求分析人员，6 000 元）

设计流（两个星期，两名程序设计人员，6 000 元）

实现流（八个星期，四名程序开发人员，48 000 元）

测试流（六个星期，四名软件测试人员，36 000 元）

总开发时间为 20 个星期，总成本为 102 000 元。

1.2 项目管理计划的演变

项目管理计划书中的所有修改在实施前必须经过负责人 MM 的同意。所有修改必须形成文档。

2. 参考材料

所有制品都将符合项目组的编码标准、测试标准和项目需求文档。

3. 定义和术语（见表 6-1）

表 6-1 自行车网站项目术语表

术语	解释
出租人	出租物件的所有者，拥有租赁物件的所有权，将物件租给他人使用，收取报酬
承租人（租户）	出租物件的使用者，租用出租人物件，向出租人支付一定的费用
租金	是承租人在租期内获得租赁物件的使用权而支付的代价
使用权	不改变出租物件的本质而依法加以利用的权利
租赁标的	指用于租赁的物件，这里指自行车
租期	租赁期限，指出租人出让物件给承租人使用的期限
信用保证金	是指承租人为取得租赁标的使用权，而提前按规定存入的信用专户的款项，这里指在公交卡上要有一定的预存金额
锁止器	指提供自行车防盗功能的电子自动锁设备。可以提供对 IC 卡的读取和信息的发送
公交卡	城市中乘坐公交车时使用，是一种 IC 卡，也可租借自行车使用

4. 项目组织

4.1 外部接口

此项目由项目组 B 完成。负责人 MM 每周与客户 A 公司交流一次，报告进度并讨论系统的修改和调整。

4.2 内部结构

项目组 B 包括负责人 MM 和程序开发人员 XX、YY 和 ZZ。

4.3 规则和职责

每个程序开发人员各负责一个模块，MM 负责公共自行车租赁系统介绍，XX 负责用户查询，YY 负责自行车网点信息，ZZ 负责用户交流论坛。项目负责人 MM 将同时监督软件产品的质量，同时与客户保持交流。

5. 管理过程计划

5.1 启动计划

5.1.1 估算计划

整个开发时间约为 20 周，成本 102 000 元。这些数据是通过类比相似项目估算得到。

5.1.2 人员计划

程序员前 14 周负责分析和开发，后 6 周负责全面测试。负责人 MM 全程监督，同时与客户保持交流获得反馈。

5.1.3 资源获取计划

该项目所需硬件、软件资源已具备，项目完成后将交付给客户 A 公司，安装在 A 公司的服务器上运行使用。

5.2 工作计划

5.2.1 工作活动和时间表分配

第 1~2 周   与客户见面，确定需求。

第 2~4 周   根据需求生成初步原型，给客户展示，取得认可。生成软件项目管理计划。

第 5~14 周   进行设计与开发。

第 15~20 周   进行系统有效性测试。

5.2.2 资源分配

程序员在分配的计算机上工作，负责人 MM 控制项目进度并从客户那里获取反馈。组员每天早上讨论昨天的工作进展，每周向 MM 提交一份简单的进度报告并计划好下一周需完成的任务。

5.3 控制计划

测试时一人负责测试其他人负责的模块以保证测试的正确性。负责人 MM 控制项目支出不会超出预算。程序员提交报告，负责人 MM 确认项目进展。

6. 技术过程计划

6.1 方法、工具和技术

该工作流将依照统一过程进行。该项目将用 Java 语言实现。

6.2 基础设施计划

该项目将使用运行在个人计算机上的 Windows 下的 Eclipse 进行开发。

7. 支持过程计划

7.1 配置管理计划

对于所有代码将使用 Subversion 进行管理。

7.2 测试计划

执行统一过程的测试流。

7.3 文档计划

按照统一过程的规定生成文档。

7.4 质量保证计划

XX 和 YY 互测对方代码，ZZ 进行集成测试，然后项目组四人共同进行产品有效性测试。

7.5 问题解决计划

小组成员面临的任何主要问题都应立即报告项目负责人 MM。

8. 附加规划

8.1 维护

产品交付使用一年内小组成员将免费进行维护，如需更新功能则另外签署合同。

6.3 软件项目管理工具学习

Microsoft Project（以下简称 Project）是微软公司旗下的一款项目管理软件，它能帮助项目负责人制定计划、为任务分配资源、跟踪项目进度、管理项目预算和分析项目工作量。

本节将介绍 Project 的基本功能，并以公共自行车网站为例制定项目进度计划。

6.3.1 创建 Project 项目文件

每个 Project 项目都必须定义项目开始或者完成日期，如图 6-1 所示。Project 会根据指定的日期排定任务。

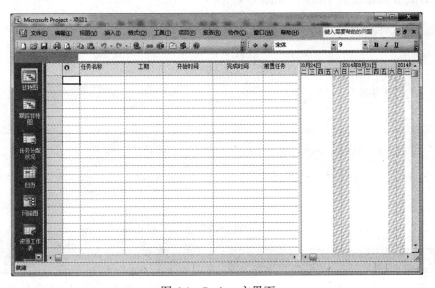

图 6-1 Project 主界面

1）选择菜单栏中"文件"下的"新建"选项，也可以单击工具栏上的新建图标，这样就创建了一个空白的项目。

2）选择菜单栏中"项目"下的"项目信息"选项，在弹出的对话框中可以输入项目的开始或者完成日期，如图 6-2 所示。"日历"下拉框中的"标准"是指每周 5 天工作日，每天 8 小时工作制，从上午 8 点到下午 5 点。

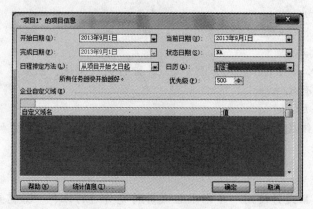

图 6-2 项目信息对话框

3）单击"确定"按钮关闭对话框，到这里一个新的 Project 项目文件就创建完成了。

4）单击主界面上的"保存"按钮保存项目文件，命名为"公共自行车网站"。Project 项目文件扩展名为 .mpp。

6.3.2 创建项目日历

1）Project 中有三种日历，分别是标准、夜班和 24 小时。系统默认采用的是标准日历。如果项目因为特殊原因（如恶劣天气）需要调整工作时间，则选择"工具"菜单下的"更改工作时间"选项，在弹出的"更改工作时间"对话框中选择日期，在下面的详细信息中编辑事件名称（见图 6-3），然后在详细信息中可以调整当天工作时间，这里将正常工作的开始时间 8 点修改为 10 点，如图 6-4 所示。

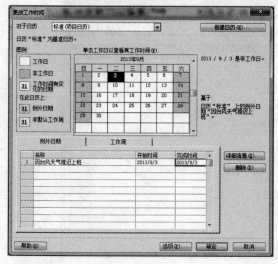

图 6-3 "更改工作时间"对话框

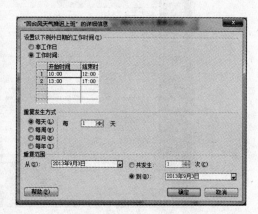

图 6-4 日历的详细信息

2）回到"更改工作时间"对话框，选择"新建日历"按钮，弹出"新建基准日历"对话框，如图 6-5 所示。创建完成后在"'公共自行车网站 .mpp'的项目信息"中可以更改为新建的日历，如图 6-6 所示。

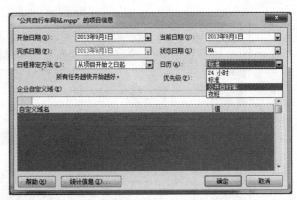

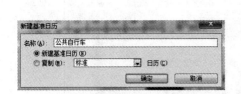

图 6-5　"新建基准日历"对话框　　　　　　图 6-6　更改为新建的日历

6.3.3　创建和编辑任务列表

每一个项目都由许多的任务组成，合理地安排任务对于项目的顺利执行非常重要。Project 的创建任务列表功能可以帮助项目负责人大大提高工作效率。首先，将视图切换到甘特图视图，然后在"任务名称"域中输入任务名称后，按回车键便可完成输入。图 6-7 是公共自行车网站的部分任务列表。

图 6-7　公共自行车网站任务列表

6.3.4　创建周期性任务

周期性任务是指项目开发过程中重复发生的任务。比如每周的例会交流讨论等任务。

1）单击"任务名称"域中要插入周期性任务的行。

2）单击"插入"菜单下的"周期性任务选项"。

3）在弹出的对话框中输入任务名称、重复发生方式等信息，如图 6-8 所示。这里，每周例会发生在每周的星期一。图 6-9 是创建完成的效果。

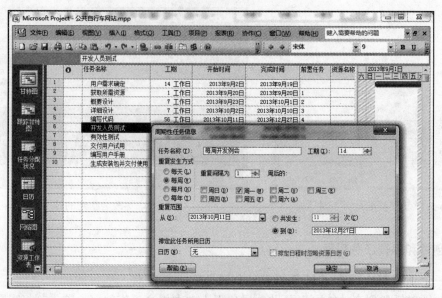

图 6-8　创建周期性任务

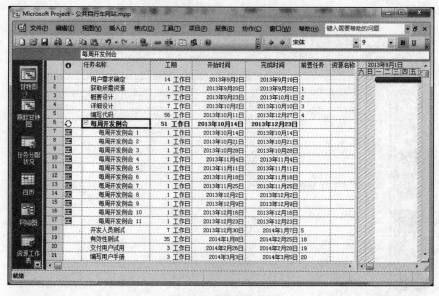

图 6-9　周期性任务

6.3.5　创建任务间的层次关系

项目中所有的任务必定有一定的层次关系，在 Project 中只要在"任务名称"域中单击要"升级"或"降级"的行，再单击工具栏中的"升级"或"降级"按钮便可达到升降任务层次的目的。这里，将每周开发例会设置成"编写代码"的子任务，效果如图 6-10 所示。

图 6-10　任务层次的改变

6.3.6　资源和成本管理

1）项目的资源包括人员、设备和材料等。Project 中资源有两类：工时资源（人员和设备）和材料资源。图 6-11 是公共自行车网站项目简单的资源管理展示。

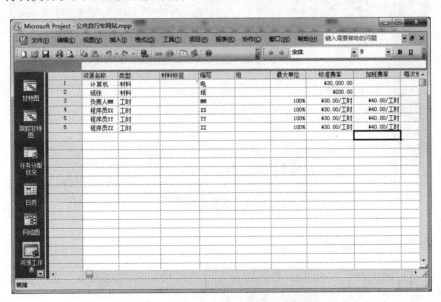

图 6-11　公共自行车网站项目的资源管理

2）设置完资源的管理后可以随时观察成本的使用情况。首先将视图切换到甘特图视图，然后选择一列并右键，这里选择"开始时间"并右键，选择"插入列"，在弹出的对话框中选择"成本"域，单击"确定"按钮，如图 6-12 所示。

图 6-12　插入成本列

3）此时成本列中的数据均为0，需要为每项任务分配资源。双击一个任务，切换到资源标签即可分配资源（见图6-13），这样Project便能帮助负责人计算出项目成本的实时情况，结果如图6-14所示。

图6-13　分配资源

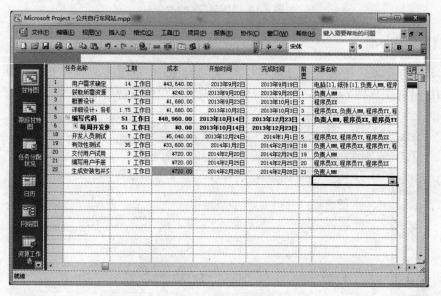

图6-14　成本计算结果

6.4　软件项目管理实践

本节将根据前面介绍的知识，要求读者完成软件项目管理的相关工作。读者可根据本节最后给出的评价标准检验对知识的掌握程度。

1. 目的和要求

1）了解软件项目管理工作，掌握软件项目管理计划编写。

2）掌握 Microsoft Project 工具的使用。

2. 实践内容

1）选择公共自行车租赁子系统，讨论该子系统的项目组织形式，并制定其项目管理计划。

2）使用 Microsoft Project 工具完成该项目管理部分工作。

3）提交实践报告。

3. 实践步骤

1）根据 IEEE 标准 1058 [1998]，熟悉软件项目管理计划组成和各部分撰写要点。

2）根据前面几章基础实践分析结果，选择公共自行车租赁子系统的需求制定软件项目管理计划。

3）根据 Microsoft Project 工具帮助信息，完成项目管理计划中的部分内容。

4. 评价标准

项目管理计划制定合理和规范，可以得到 75 ~ 85 分；描述简单，给 65 ~ 74 分；错误不多，给 51 ~ 64 分；没有完成项目子系统软件项目管理计划，并含有较多错误的，给 50 分以下。

第二部分　提高实践

第 7 章　基于 Android 的新生校园指南系统需求获取

7.1　引言

第 7 章至第 9 章介绍的 "基于 Android 的新生校园指南系统" 是浙江工业大学软件工程系大三学生设计完成的一份软件工程自选项目作业。他们打算做一个新生校园指南系统 ZJUT Guide APP 来帮助大一的学弟学妹们，给他们带来入学时的便利。开始时他们只考虑到以下几个问题：

1）在校园生活中，新生常会用到很多电话号码，比如 890 院长热线，教务处及社区管理部热线等。因此，需要提供一个便利的常用电话簿，并且实现即时拨打的功能。

2）需要放置校内地图导航功能，地图需标识出校内的一些标志性建筑物，例如图书馆、养贤府（学校餐馆名称）、医务室、体育馆等。

3）提供校园风光、浙工大历史介绍，让新生了解学校的历史文化。

4）提供校内外的美食推荐，包括地址和实物图，允许学生切换查看。

这些最初提出的问题最终是否需要计算机系统解决，通过运用软件工程的需求提取和需求分析方法可以得到分析和解答。以下章节是该组学生在完成指南系统时提供的部分需求分析和设计文档。

7.2　应用实例领域分析

国外的校园指南主要关注在沟通、交流等方面，如 Facebook 的前身 FaceMash 是供校友评选哈佛校内美女的平台，它使用了 LAMP 网站架构。由美国俄亥俄州立大学和麻省理工学院推出的 Campus Apps，可以帮助学生查询成绩、管理大学账户以及查询校园公交路线。田纳西科技大学的残疾人服务主任 Chester Goad 表示："大学所推出的这些应用不仅仅可以查询成绩和日程，很多高等院校会上传一些'宝典'，介绍学校地图，哪里的东西最好吃，学校的传统之类的信息。很多这类应用会有紧急警报功能，保证学生在学校里的安全。"

国内的校园指南主要关注在课表、成绩查询等方面，例如可以对各大高校教务系统的课程表网页进行解析，实现课程表的同步。使用智能手机系统自带的 HTTP 对接 API，与相应的高校教务系统进行对接，模拟学生登录，获取课程表的所在页面，对其 HTML 语句进行解析，从而得到课程表。然后将截取到的课程表数据，整理到自行设计好的模板中，显示在用户的智能手机设备屏幕上。

为了获得详细的系统需求，该组学生通过对新生进行问卷调查后进行大学新生入校后主要存在以下问题：

1）不了解自己学校的历史以及校园的环境。

浙江工业大学是一所综合性的浙江省属重点大学，拥有悠久的历史，学校经历过多次合并，校名也改动过多次，作为学校的新成员，发扬优秀学习作风和传统，了解浙江工业大学的历史是很有必要的。

2）不熟悉校园主体建筑分布。

浙江工业大学主要分成朝晖、屏峰校区。对于新生而言，不了解新大学的各个建筑物的名字以及坐落位置是很正常的事情，但这会影响到他们日常的上课及休息。

3）不熟悉校园内外餐饮。

常言道，民以食为天。新生刚入学，不了解学校食堂及周边的餐饮会影响他们的日常饮食。

4）不知道校内常用电话。

学生在校有时需要各种电话，比如送水电话、890 求助热线等常用电话，但新生对其并不清楚，因此可能会对他们的日常生活造成一定的影响。

5）不清楚新生注册流程。

新生到校后，要进行新生的注册程序、领取个人资料、去体育馆处申请银行卡等手续。手续繁多，新生容易搞错，造成不必要的麻烦。

6）最后，软件的使用方法和介绍也是必需的。

为了解决上述问题，该组学生打算开发基于 Android 的 APP，为新生提供校园历史风景介绍、地图导航、餐饮介绍、常用电话簿等常用功能，并将待开发的软件命名为：ZJUT Guide。

选择 Andorid 平台的理由有 3 点：

1）学生中使用 Android 手机的比例最高，可以方便学生安装使用 ZJUT Guide。

2）Andorid 的 APP 开发基于 Google 提供的 SDK，借助 Google 提供的开发文档，可以用 Java 这门已学过的语言来开发 APP。

3）Android 的布局采用 XML 语言，本组学生还未掌握这门语言，但因为 IDE 中自带图形化布局编辑方式，因此可以通过图形化界面来规划布局，省去编写 GUI 的困扰。

软件的使用对象分为三类用户，如表 7-1 所示。

表 7-1 系统用户分类和概略说明表

具体类型	权限	说明
学生用户	对 APP 的日常使用及更新	新生通过在移动设备中安装 APP，获取需要的信息
维护管理员	负责软件的维护工作	对校园指南系统客户端进行 bug 修复以及通过服务器端对 APP 中显示的信息及时更新
后台管理员	具有修改服务器端数据库的权限	服务器端数据库主要存放维护管理员的账号，后台管理员可以对其进行增、删、改、查

一些在系统中需要使用的技术术语和领域术语定义如表 7-2 所示。

表 7-2 基于 Android 的新生校园指南系统初始术语表

Android：Google 开发的基于 Linux 的开源操作系统
Android SDK：Android Software Development Kit 是谷歌为 Android 智能移动系统的开发而配备的软件开发组件工具包，是在 Android 软件开发中会应用到的各种特定的软件包、软件框架、硬件平台、操作系统等开发工具集合
SQL Lite：Android 自带的轻量级数据库
Activity：Android 组件，每个 Activity 都是一个独立存在的类，它能够调用 setContentView 方法将一个 XML 格式的布局文件显示出来，并响应各种事件
Android 拨号 API：TelephoneManager 类，提供获取电话信息（设备信息、SIM 卡信息以及网络信息）、侦听电话状态（呼叫状态、服务状态、信号强度状态等）和调用电话拨号器
百度地图 API for Android：基于 Android 2.1 及以上版本的应用程序接口，可以调用百度地图的地图资源以及在 Android 移动终端上实现地图导航功能，构建出功能丰富、交互性强的地图类应用程序

7.3   功能性需求描述

为了使新生能够更加高效地了解、熟悉高校生活，他们提出并设计了一款基于 Android 的新生校园指南系统。该系统由移动客户端和服务器端组成。学生可以在 APP 上浏览浙江工业大学的校园风光，了解学校的历史，得到校内和周边的美食推荐以及拨打校内常用电话。维护管理员需要对出现的 bug 进行修复以及通过服务器端更新客户端页面上显示的图片和文字描述信息，完成更新后将程序打包发布，安装有 APP 的移动设备在检测到新版本后可以选择对其更新。

校园指南系统移动客户端基于 C/S 架构，采用 Android 系统作为开发平台，使用 Java 与 XML 作为开发语言。移动客户端实现常用电话拨号、校园地图导航、校内及周边美食推荐、校园信息介绍、新生报到服务、软件帮助和软件更新七项功能。服务器端采用了 B/S 架构，数据库使用 MySQL，实现用户登录、主界面图片修改、美食图片修改、客户端打包发布等六项功能。

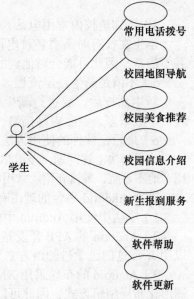

图 7-1   客户端顶层用例图

7.3.1   校园指南系统客户端用例建模

我们采用 UML 中的用例图和用例描述来对新生校园需求进行逐步细化。可以得到的客户端的用例图如图 7-1 所示。

1）常用电话拨号：有显示常用电话和拨号两个子功能，学生打开常用电话簿，找到需要的电话后，即可进行拨打，用例描述如表 7-3 所示。

表 7-3   常用电话拨号用例描述

简要描述
常用电话拨号用例能够让学生通过 Guide 软件提供的号码簿查看常用号码并拨打
按步骤描述
1. 单击主界面的 Menu 按钮
2. 系统弹出所有基本功能选项，继续单击 Call 按钮
3. 电话簿每一栏显示名称和对应的电话号码以及一个拨号按钮
4. 学生找到指定的号码后，单击对应的拨号按钮即可拨打

2）校园地图导航：有查询地图、查询常用地址栏和地图导航三个子功能，分别允许学生输入地址搜索目的地、查看常用地址和地图导航，用例描述如表 7-4 所示。

表 7-4   校园地图导航用例描述

简要描述
校园地图导航用例能够让学生通过 Guide 链接的百度地图库查询地址并导航
按步骤描述
1. 单击主界面的 Menu 按钮
2. 系统弹出所有基本功能选项，继续单击 Map 按钮
3. 软件界面显示 Guide 链接的百度地图界面
4. 学生可以通过两种方式查询自己的目的地：
（1）通过关键字在顶部搜索栏输入要查找的地址，单击搜索按钮显示目的地
（2）单击选项按钮，软件左侧弹出常用搜索地点，单击即可查询并导航

3）校园美食推荐：有推荐校内美食和校外美食两个子功能，可以让学生浏览校内外的美食图片，并有相关的介绍，用例描述如表 7-5 所示。

表 7-5　校园美食推荐用例描述

简要描述

校园美食推荐用例能够以提供校内外美食图片和介绍信息的方式给学生推荐

按步骤描述

1. 单击主界面的 Menu 按钮

2. 系统弹出所有基本功能选项，继续单击 Food 按钮

3. 美食模块主界面顶部提供自动循环切换的美食推荐图片画廊

4. 下部划分成两个分栏：

（1）校内美食详情

（2）校外美食详情

5. 用户选择校内美食：

（1）软件开启新页面

（2）顶部显示各种菜肴图片，左右滑动可以切换图片，单击将显示菜名

（3）下方显示浙江工业大学两大食堂的规模简介和特色菜肴推荐

6. 用户选择校外美食：

（1）软件开启新页面

（2）左右滑动可以切换推荐界面，顶部显示推荐菜肴的购买场所，中间显示菜肴图片，底部为文字描述

4）校园信息介绍：提供了校园风光、学校历史以及学校简介三个子功能，分别对校园风光提供图片展览、学校获奖信息和学校历史信息介绍，用例描述如表 7-6 所示。

表 7-6　校园信息介绍用例描述

简要描述

校园信息介绍用例能够通过提供图片和文本信息帮助新生了解浙江工业大学

按步骤描述

1. 单击主界面的 Menu 按钮

2. 系统弹出所有基本功能选项，继续单击 Intro 按钮

3. 打开 Intro 页面后可以左右滑动切换界面，分别显示：

（1）学校简介布局：顶部为标题栏，中部显示图片，底部显示文字描述

（2）学校历史布局：每一栏显示学校对应的历史信息，单击其中一栏即可显示对应的详细介绍

（3）校园风光布局：滑动顶部图片缩略图，在下方将显示大图和对应的文字描述

5）新生报到服务：有生活区引导和注册帮助两个子功能，分别帮助新生熟悉生活区相关信息以及正确引导报到时的注册流程，用例描述如表 7-7 所示。

表 7-7　新生报到服务用例描述

简要描述

新生报到服务用例能够通过文字和图片描述帮助用户了解新生注册的相应手续

按步骤描述

1. 用户单击主界面的 Menu 按钮

2. 系统弹出所有基本功能选项，继续单击 ForU 按钮

3. 跟美食推荐的布局相同，可以左右滑动切换页面

4. 界面项目栏以外部分显示注册须知

6）软件帮助：提供使用软件方面的相关帮助，用例描述如表 7-8 所示。

表 7-8　软件帮助用例描述

简要描述
软件帮助用例帮助学生了解校园指南系统程序的使用方式
按步骤描述
1. 单击主界面的 Menu 按钮
2. 系统弹出所有基本功能选项，继续单击 Help 按钮
3. 启动新页面显示帮助文档
4. 文档帮助用户更清晰的了解校园指南系统的各项功能

7）软件更新：当检测到有新版本时，可以选择是否更新，用例描述如表 7-9 所示。

表 7-9　软件更新用例描述

简要描述
软件更新用例使得学生能享受到最新的校园指南系统版本
按步骤描述
1. 用户打开校园指南系统移动 APP
2. 校园指南系统借助移动网络或者 Wi-Fi 无线网络检测服务器端是否有新版本，若有新的 APK 可供下载，则提示用户是否更新到最新版本
3. 用户可以选择更新或者取消更新

7.3.2　校园指南系统服务器端用例建模

校园指南系统服务器端主要实现维护管理，用例图如图 7-2 所示。具体的用例描述如表 7-10、表 7-11 所示。

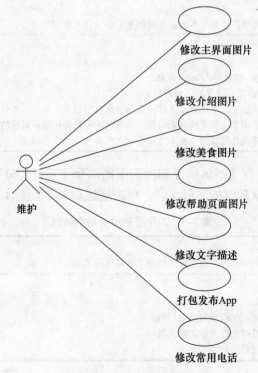

图 7-2　服务器端系统用例图

1）修改图片：维护管理员可在服务器端对 APP 中的图片进行替换。

表 7-10 修改图片用例描述

简要描述
修改图片用例让管理员能修改更新校园指南系统程序的图片
按步骤描述
1. 维护管理员登录服务器端网页
2. 选择需要修改的内容
3. 将需要替换的图片上传至服务器

2）打包发布 APP：实现校园指南系统反编译文件的重新打包发布。

表 7-11 打包发布 APP 用例描述

简要描述
打包发布 APP 用例让管理员能发布最新的校园指南系统 APK 文件
按步骤描述
1. 管理员登录服务器端网页
2. 单击发布新程序按钮
3. 服务器将 class.dex，apktool.yml 和文档处理成未签名的 APK 文件
4. 服务器用 Android 密钥加密授权 APK 文件
5. 服务器将新的 APK 放到 HFS 服务域中供用户下载更新

7.4 非功能性需求描述

非功能性需求主要是系统对于故障的控制，可以描述为：

1）可能的软件故障：RAM 超量导致 APP 被 Android 系统关闭。

2）可能的硬件故障：断电造成软件停止服务。

3）软件故障的处理要求：重新启动软件可恢复，数据不丢失。

4）硬件故障的处理要求：重新启动软件可恢复，数据不丢失。

7.5 需求获取提高实践

本节将根据前面介绍的知识，要求读者完成自选软件项目需求提取相关工作。读者可根据本节最后给出的评价标准检验对知识的掌握程度。

1. 目的和要求

1）熟练掌握软件工程需求提取方法。

2）掌握各种软件小组组织的优缺点，重视小组组织对工程项目的影响。

3）联系实际，了解当前软件工程的主要应用。

2. 实践内容

1）对"基于 Android 的新生校园指南系统"的需求进行评审，提出评审意见。

2）结合应用实际，选择一个小型项目做需求提取，选题应有实际意义和创新性。

3）提交实践报告。

3. 实践步骤

1）以 4～6 人为一组，组建开发团队，确定团队的工作方式，确定 1 名项目经理，组员之间进行分工和协作。

2）学习本章"基于 Android 的新生校园指南系统"的需求，按照软件需求提取的要求以及 UML 用例图、用例描述说明，联系实际，对该项目进行评审，提出评审意见。

3）完成本团队项目的选题，组员分工和教师确定选题。

4）根据 1.4 节中的实践步骤，完成自选题目的需求提取和报告。

4. 评价标准

实践内容第 1 题：评审意见合理，并提供了正确的问题描述，可以获得 8 ～ 10 分；评审意见基本合理，问题描述没有较多错误得 6 ～ 7 分；没有回答，或者回答问题明显失实给 5 分以下。

实践内容第 2 题：

1）自选项目选题有实际意义或者有创新性可以获得 16 ～ 20 分，无实际意义或者没有创新性给 14 分以下。

2）根据对需求分析是否符合项目实际，是否有完整用例图，用例描述是否正确来确定分数高低。对知识点掌握正确的可以得到 52 ～ 65 分；描述简单，给 55 ～ 64 分，错误不多，给 40 ～ 54 分；没有完成项目系统分析要求，并含有较多错误的，给 40 分以下。

3）团队组织形式明确，符合项目需要可以得到 3 ～ 5 分，没有明确的组织形式或者和项目不符合给 2 分以下。

第 8 章　基于 Android 的新生校园指南系统需求分析

8.1　引言

　　ZJUT Guide 系统使新生可以直接在手机、平板电脑等移动终端上下载软件安装后，按照软件提供的查询、检索等功能，获取需要的信息，解决他们的实际问题。软件通过 Android SDK、自行编写的外部 API 实现用户需求。以下是该组学生根据面向对象分析步骤对系统的实体类、控制类和边界类进行建模，给出顺序图，并对数据存储方式进行讨论和选择的相关文档部分节选。

8.2　类图

8.2.1　实体类建模

　　图 8-1 为客户端中的主要实体类。其中 ClientInitialization 负责在程序启动时，执行一些初始化工作。例如，载入相关配置文件，检查是否有可用新版本更新等。HistoryRepository 帮助边界类从文件中读取学校的所有历史信息，将每一个条目保存到 SchoolHistory 实体类中，最后显示到 ListView 组件上。MKSearch 为百度 API 提供的一个搜索服务类，该实体类可以实现各种各样的检索。例如，位置检索、周边检索、范围检索等常用操作。

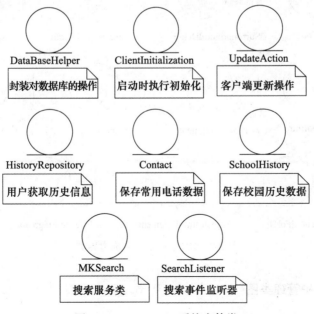

图 8-1　ZJUT Guide 系统实体类

8.2.2　控制类建模

图 8-2 为客户端控制类，分离边界类与实体类，负责控制用例中的事件流程。本项目没有复杂的业务逻辑，故控制类只设置一个。

8.2.3　边界类建模

图 8-3 为客户端的所有边界类，其中 MainActivity 为程序打开时的首页。MenuButton 为首页中右下角的可伸缩按钮，该按钮实现较为复杂，因此对其单独做了封装。SchoolMap、SchoolHelp 分别表示校园地图页面和软件帮助页面。SchoolFood 为校园美食推荐页面，该页面上有两个按钮，单击后分别跳转到校内美食详情页面（CampusFoodDetail）与校外美食详情页面（SurroundFoodDetail）。SchoolCall 为校园常用电话簿页面，单击该页面上的电话条目可以直接对其拨号。SchoolIntro 为校园介绍页面，包含三个可以滑动切换的子页面，分别为校园简介页面（ProfileFragment），校园历史介绍页面（HistoryFragment）以及校园风光图片预览页面（ViewFragment）。SchoolForU 为新生报到服务页面，包含两个可以滑动切换的子页面，分别为注册须知页面（RegisterInfoFragment）与校园生活导航页面（LifeNavFragment）。

ClientController

图 8-2　ZJUT Guide 系统
客户端控制类

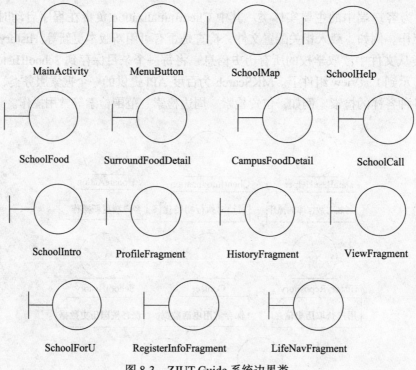

图 8-3　ZJUT Guide 系统边界类

8.2.4　服务器端维护管理类图

图 8-4 为服务器端维护管理类图。

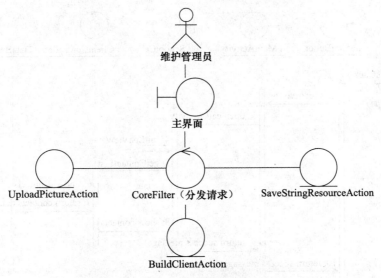

图 8-4 ZJUT Guide 系统维护管理类图

如图 8-5 所示，当用户打开 ZJUT Guide APP 时，可以通过单击主页面中的按钮跳转到不同的页面。绝大多数的页面直接将文字图片展示给用户。但像常用电话，以及学校历史简介这两个界面，数据保存在数据库或者文件中。因此需要通过控制器调用实体类，实体类再将数据从文件或者数据库中读取，边界类获得数据后将其展示到页面。

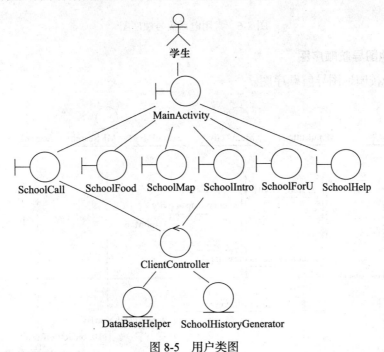

图 8-5 用户类图

8.3 顺序图

1. 常用电话拨号顺序图

图 8-6 为常用电话拨号顺序图。

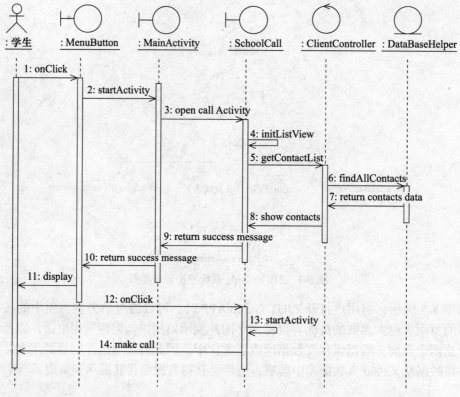

图 8-6 常用电话拨号顺序图

2. 校园地图导航顺序图

图 8-7 为校园地图导航顺序图。

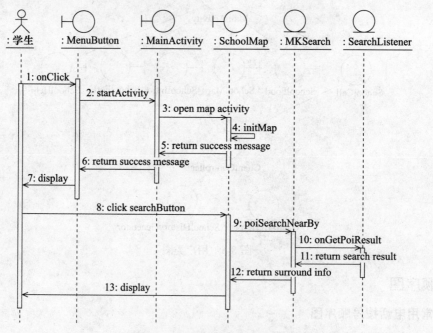

图 8-7 校园地图导航顺序图

3. 美食推荐顺序图

图 8-8 为美食推荐顺序图。

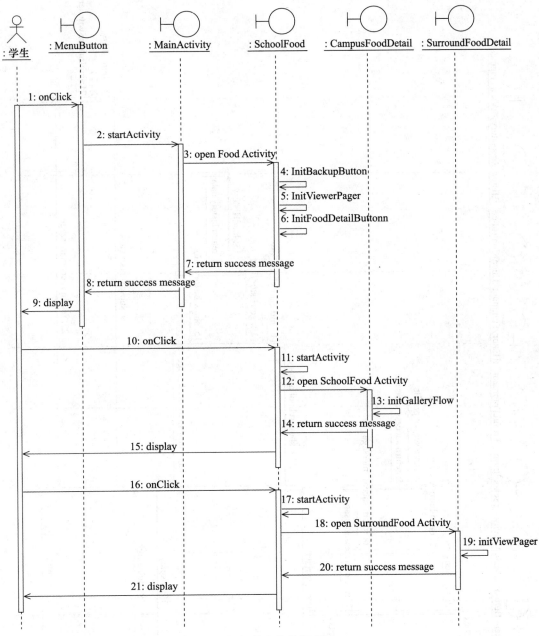

图 8-8 美食推荐顺序图

考虑到本程序在没有联网的情况下也能正常使用。因此，所有图片、文字资源都作为本地资源直接读取。边界类 SchoolFood 在调用 initViewerPager 方法后，将美食图片显示到顶部的图片画廊中。在目前的版本中，图片更新主要是通过维护管理员在服务器端进行图片替换，并将其打包发布后，供学生下载更新。在未来的版本中，会考虑以消息推送或者联网的方式获取美食推荐。

4. 校园介绍顺序图

图 8-9 为校园介绍顺序图。

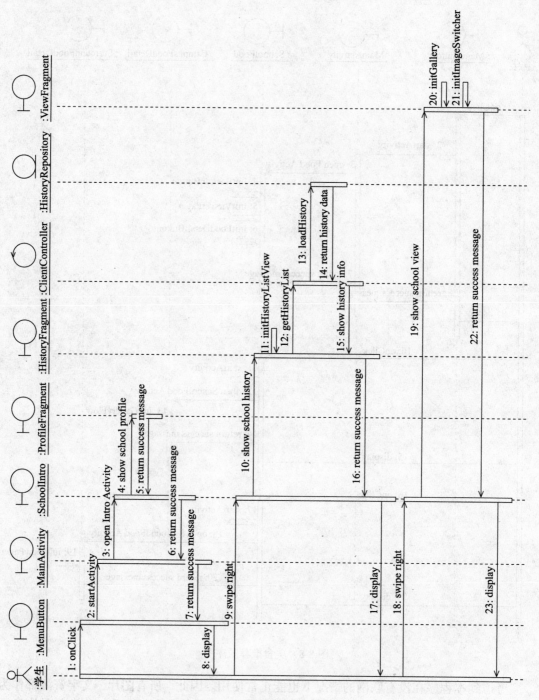

图 8-9　校园介绍顺序图

5. 新生报到服务顺序图

图 8-10 为新生报到服务顺序图。

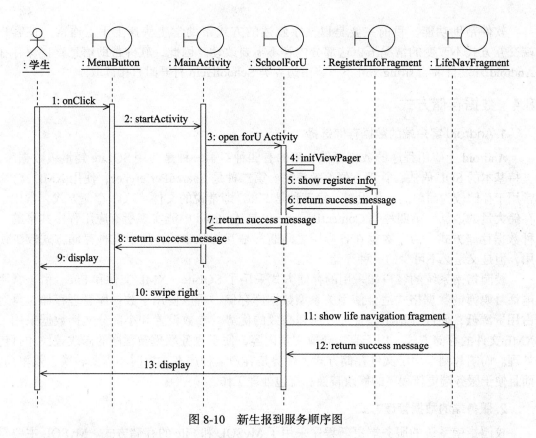

图 8-10   新生报到服务顺序图

6. 软件帮助顺序图

图 8-11 为软件帮助顺序图。

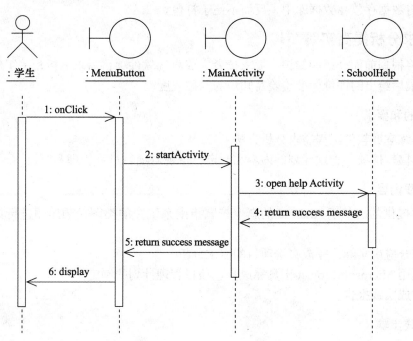

图 8-11   软件帮助顺序图

软件帮助功能，目前主要是以文字叙述的方式帮助学生快速上手。通常，在客户端交互方式不改变的情况下，这部分内容不需要改动。因此，软件帮助信息直接保存在Android开发自带的string.xml下，将由边界类SchoolHelp打开时直接读取。

8.4 数据存储方式

1. Android客户端的数据存储选择

Android上应用程序的数据存储常用的有四种：第一种是使用SQLite轻量级数据库，支持基本的SQL语法，管理方便，效率高。第二种是SharedPerference，使用XML文件，常用于存储较为简单的参数设置。第三种是File，即常说的文件（I/O）存储方式，常用于存储大量的数据。第四种是ContentProvider，是Android中能实现所有应用程序共享的一种数据存储方式，由于数据在各应用之间通常是互相私密的，所以此种存储方式较少使用，但是又是必不可少的一种存储方式。

校园指南系统的客户端采用的存储方式采用了SQLite、XML文件和File。由于常用电话号码簿的数据格式适合使用关系型数据库存储，所以使用了数据库管理存储，具有占用资源低，硬件开销小，管理方便和高效的优势。参数设置和小部分文档数据采用了XML文件的存储方式，用于直接获取文章内容，便于服务端更新程序的修改替换和打包处理。而图片则采用了文件存储方式，优势是客户端程序在读取时不需要转换，效率高，而且便于服务端更新程序的修改替换和打包处理工作。

2. 服务端的数据管理方式

校园指南系统的服务端更新程序采用了MySQL和File的存储方式。MySQL主要是存放管理员帐号信息，用于验证页面登录用户的身份。用户更新打包的数据，比如XML文档和图片，则直接使用文件存储方式，因为对APK打包只能基于当前根目录下的所有文件，若将数据存放在数据库中，反而不便于打包。

8.5 需求分析提高实践

本节将根据前面介绍的知识，要求读者完成自选软件项目需求分析相关工作。读者可根据本节最后给出的评价标准检验对知识的掌握程度。

1. 目的和要求

1）熟练掌握软件工程需求分析方法
2）掌握软件项目管理计划的内容和制定，重视对项目过程管理和监控

2. 实践内容

1）对提供的"基于Android的新生校园指南系统"的类图，顺序图进行评审，提出评审意见。
2）结合应用实际，完成自选项目的需求分析。
3）利用Microsoft Project工具完成自选项目管理计划的制定。
4）完成实践报告。

3. 实践步骤

1）以项目团队为单位，学习第7章提供的"基于Android的新生校园指南系统"的

需求分析中的类图和顺序图，对该文档进行评审，提出评审意见。

2）根据需求提高实践中获得的需求，进一步开展需求分析。

3）以需求规格说明书为书写大纲，分工完成需求文档的编制。

4）以 Microsoft Project 为辅助工具完成项目管理计划的制定。

5）提交实践报告。

4. 评价标准

实践内容第 1 题：评审意见合理，并提供了正确的问题描述，可以获得 12 ~ 15 分；没有回答，或者回答问题明显失实给 9 分以下。

实践内容第 2 题：根据对需求分析是否符合项目实际，文档是否符合规格说明来确定分数高低。对知识点掌握正确的可以得到 75 分；描述简单，给 65 ~ 74 分，错误不多；给 50 ~ 64 分；没有完成项目系统分析要求，并含有较多错误的，给 50 分以下。

实践内容第 3 题：项目管理计划内容符合 IEEE 标准，项目安排符合项目实际需要可以得到 10 分，没有明确的内容或者和项目不符合实际给 5 分以下。

第 9 章 基于 Android 的新生校园指南系统设计

9.1 系统架构设计

校园指南系统采用了 C/S 和 B/S 两种架构。传统的 C/S 架构通过将任务合理分配到客户（Client）端和服务器（Server）端，降低了系统的运行开销。校园指南系统客户端采用的方式又与一般的 C/S 架构有别，客户端使用过程中需要的数据都保存在本地，即使设备在没有网络的条件下，同样能正常使用客户端。服务器端采用 B/S 架构，即浏览器端 / 服务器端（Browser/Server），用户工作界面是通过浏览器来实现，极少部分事务逻辑在前端实现，但是主要事务逻辑在服务端实现，形成 3 层结构。而校园指南系统服务器端只提供软件的下载更新服务，当有新的内容需要更新时，维护管理员在服务器端对数据进行更新，重新打包发布后可供用户下载和更新。

9.2 系统功能结构

校园指南系统客户端拥有 7 个功能，分别是常用电话拨号、校园地图导航、校园美食推荐、校园信息介绍、新生报到服务、软件帮助和软件更新（如图 9-1 所示）。

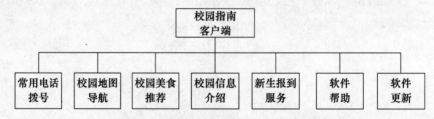

图 9-1 校园指南系统客户端功能结构图

校园指南系统服务器端拥有 6 个功能（如图 9-2 所示），分别是管理员登录、主界面图片修改、美食图片修改、校园介绍图片修改、软件帮助背景修改和打包发布 APP。

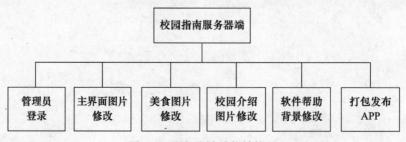

图 9-2 服务器端功能结构图

9.3　类图细化

9.3.1　边界类细化

由于篇幅限制，下面对一些主要的边界类进行类图细化，并在特性与操作后附上简单的注释，如图 9-3 所示。

MainActivity	
–scrollView	文字滚动条
–text	显示文本框
#onCreate	用于载入xml布局文件
–scrollText	用于控制滚动条滚动位置

a）

MenuButton	
–btnMenu	主按钮
–btnCall	进入常用电话簿按钮
–btnMap	进入校园地图按钮
–btnFood	进入美食推荐按钮
–btnIntro	进入校园介绍按钮
–btnForU	进入新生报到服务按钮
–btnHelp	进入软件帮助按钮
–initMenuButton	初始化主按钮
–initChildButton	初始化主按钮下的所有子按钮
–animTranslate	用于设置按钮的动画效果

b）

SchoolMap	
–mapManager	用于加载地图引擎
–mapView	用于生成地图视图
–mkSearch	搜索服务对象
–editText	搜索文本框
#onCreate	用于载入XML布局文件
–initMapView	对mapView初始化

c）

SchoolFood	
–viewPager	用于显示窗体顶部图片画廊
–imageViews	保存所有图片视图
–imageLabel	显示每张图片的说明
–imgLabels	保存图片对应的简介
#onCreate	用于载入XML布局文件
–setImageLabelAtFirstOpen	显示第一张图片说明
–initBackButton	初始化页面上的返回按钮
–initViewPager	初始化顶部图片画廊
–initCampusFoodDetailButton	初始化校园美食详情按钮
–initSurroundFoodDetailButton	初始化校外美食详情按钮

d）

图 9-3　边界类细化

SchoolCall	
–listView	用于显示所有电话条目
–contacts	保存所有电话
#onCreate	用于载入XML布局文件
–initCallListView	初始化listView组件

e）

图 9-3 （续）

9.3.2 控制类细化

控制类细化如图 9-4 所示。

ClientController	
–currentActivity	用于保存当前被控制的Activity
+getInstance	返回控制器实例（单例）
+getHistoryList	帮助校园介绍边界类获取历史信息
+clientInit	刚启动客户端时对程序初始化

图 9-4 控制类细化

9.3.3 实体类细化

实体类在建模时已经给出相应的解释，并且大多数名称都是自解释的。因此，这里不再赘述，只给出主要实体类的特性与操作，如图 9-5 所示。

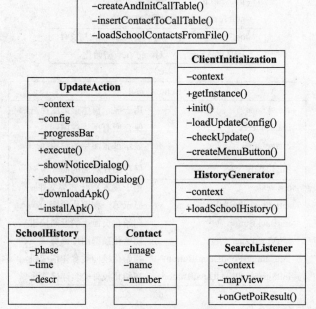

图 9-5 实体类细化

9.4 数据存储设计

9.4.1 文件设计

新生指南系统服务端更新程序主要采用了 File（文件管理）的方式，服务器更新程序主要修改存放在服务器目录下用于打包的客户端反编译文件。用于修改文字描述的 XML 文件是 res/values/string.xml，该文件主要存放客户端页面显示中的一些文字信息。需要修改的图片存放在 res/drawable-hdpi 文件夹下，该文件夹主要存放的是客户端各个功能所使用的图片数据。

9.4.2 数据库设计

新生指南系统客户端的数据库设计借助 Android 自带的 SQLite 来完成。SQLite 是一款轻量级数据库，是遵循 ACID 的关系模型数据库管理系统，它本身的设计目标与用途就是瞄准了嵌入式数据库这个市场，所以特色就是资源占用率极低，只需几百 KB 的内存空间即可运行它。除此之外，SQLite 的系统支持度也很高。为了后期服务端更新程序的便利性，客户端数据大都以图片文件和文档文件的形式存在。常用号码数据表清单如表 9-1 所示。

表 9-1 常用号码数据库表清单

	名称	说明
1	t_contact	常用号码表

校园指南系统服务端更新程序的数据库设计借助 MySQL 和 Navicat for MySQL 工具。MySQL 是一个关系型数据库管理系统，在 Web 应用方面采用 MySQL 的特别多，是 Web 应用方面上最好的 RDBMS（Relational Database Managerment System）应用软件之一。优势是体积小、速度快、免费，而且它的源码是开放的。服务端更新软件跟客户端的情形类似，包括验证是否是管理员账号登录和保存图片库清单，为了便于后期发布新软件的更新迭代，所以数据更新通过图片替换实现。更新软件数据表清单如表 9-2 所示。

表 9-2 更新软件数据库表清单

	名称	说明
1	t_user	管理员账户表
2	t_picture	客户端反编译程序包的各个图片的名称、备注以及所属类别
3	t_pic_category	客户端图片拥有的所有类别

9.5 服务器端相关功能详细设计

服务器端主要有管理员登录、主界面图片修改、美食图片修改、校园介绍图片修改、软件帮助背景修改和打包发布 APP 六个功能。下面我们重点介绍管理员登录、主界面图片修改和打包发布 APP 这三个功能。

1. 管理员登录功能

将用户输入的账号和密码与 MySQL 数据库的信息进行比对，确认为管理员后允许其进行修改文档等操作。

主要验证代码如下：

```
// 对表单提交的数据封装
User user = FormUtil.enclosureFormDataByReflect(request, User.class);
    UserService userService = ServiceFactory.getUserService();
    // 根据用户名从数据库中获取 user 对象
    User dbUser = userService.findUserByName(user.getUsername());
    If (isValidUser(user, dbUser)) { // 对表单提交的用户进行验证
        HttpSession session = request.getSession();
        session.setAttribute("user", dbUser);
        // 登录成功, 跳转到主页
        response.sendRedirect(request.getContextPath() + "/");
    } else {
        // 登录失败, 重定向的登录页面
        request.setAttribute("login_msg", "用户名或者密码错误!");
        request.getRequestDispatcher("login.jsp").forward(request, response);
    }
```

2. 主界面图片修改功能

维护管理员在单击修改图片后，后台程序根据单击的类别查询数据库，将该类别下之前上传的所有图片展示到前端，管理员可以通过切换 select 标签内的图片名称来查看相应的图片。图片下方有用于上传文件的表单，选择相应的图片后，即可单击上传。在上传前，浏览器会验证表单内的文件格式是否符合，不符合上传要求的文件，将无法进行上传。上传成功后，即可在 select 标签中看到刚上传的图片。管理员可以选择一张中意的图片替换客户端中原有的图片。

3. 打包发布 APP 功能

使用 Java Runtime 中的 exec 函数执行 DEX 和 APK 批处理程序，将反编译文件重新打包成 APK，并且调用 Android 密钥对 APK 进行加密，加密后的 APK 文件可供客户端下载更新。

9.6　客户端相关功能详细设计

9.6.1　主要功能详细设计关键代码

1. 常用电话拨号功能

当学生打开 call 页面后，程序将从 SQLite 中读取所有校园常用电话，数据库中每一行数据保存了联系人头像、姓名以及号码。通过使用 Android 自带的 SimpleAdapter 类，将这些内容展示到 ListView 控件中，每一个号码占据一栏。每一栏都绑定了事件监听器，单击后将跳转到拨号页面拨打相应的电话。

关键代码实现：

```
listView = (ListView) findViewById(R.id.ListView);   // 获取 ListView 组件
ClientController clientController = ClientController.getInstance(this);
contacts = clientController.getContactList();   // 从数据库中获取所有电话信息

SimpleAdapter adapter = new SimpleAdapter(this, contacts, R.layout.school_call_lv,
new String[] {"image", "name", "number"}, new int[] {R.id.image, R.id.nameText,
R.id.numberText});                    // 使用 SimpleAdapter 将显示到 ListView 中
```

```
listView.setAdapter(adapter);
// 给 ListView 每一个条目绑定事件监听器
listView.setOnItemClickListener(new OnItemClickListener() {

    @Override
    public void onItemClick(AdapterView<?> parent, View view, int position,
        long id) {
        Intent intent = new Intent(Intent.ACTION_CALL, Uri.parse("tel:"
            + contacts.get(position).get("number")));
        startActivity(intent);
    }
});
```

2. 校园地图导航功能

对地图功能模块的 Activity 的 onCreate() 函数进行重载初始化操作，设定添加的百度地图 API 的调用函数，使用从百度官方申请的密钥对调用的 API 接口进行初始化操作，设置地图控制器为百度地图 MapControler，初始化地图布局样式和界面，对常用地址栏进行设置，添加以 List 格式封装的常用地址到地图布局中，同时对百度地图异常类的重载进行初始化。最后设置好关闭地图功能模块的函数声明。

关键代码实现：

```
@Override
    protected void onCreate(Bundle savedInstanceState) {
        百度地图 API 的调用
        super.onCreate(savedInstanceState);
        mBMapMan=new BMapManager(getApplication());
        mBMapMan.init("5A089084629CF18F187503AF158A34375A93552E", null);// API 密钥设置
        button.setOnClickListener(new View.OnClickListener() {
            @Override
            public void onClick(View v) {
                mMkSearch.poiSearchNearBy( 设置位置坐标 );
            }
        });
        final ListView listView=(ListView)findViewById(R.id.map_listview);
        List<String>list=new ArrayList<String>();
        // 设置常用位置点
        mMkSearch.poiSearchNearBy(listView.getItemAtPosition(arg2).toString(),
        new GeoPoint((int) (30.2 * 1E6), (int) (120.03 * 1E6)), 500000);
                double mLat2 = 30.234;
                double mLon2 = 120.047;
                // 用给定的经纬度构造 GeoPoint，单位是微度 ( 度 * 1E6)
                GeoPoint p2 = new GeoPoint((int) (mLat2 * 1E6), (int) (mLon2 * 1E6));
                // 准备 overlay 图像数据，根据实际情况修复
                Drawable mark= getResources().getDrawable(R.drawable.icon_jiahe);
                // 用 OverlayItem 准备 Overlay 数据
                // 使用 setMarker() 方法设置 overlay 图片，如果不设置则使用构建
                // ItemizedOverlay 时的默认设置
                OverlayItem item2 = new OverlayItem(p2,"item2","item2");
                item2.setMarker(mark);
                // 创建 IteminizedOverlay
                OverlayTest itemOverlay = new OverlayTest(mark, mMapView);
                // 将 IteminizedOverlay 添加到 MapView 中
                mMapView.getOverlays().clear();
                mMapView.getOverlays().add(itemOverlay);
```

```
                    itemOverlay.addItem(item2);
                    mMapView.refresh();
                    // 删除 overlay .
                    mMapView.refresh();
                    // 清除 overlay
            }});
        }
```

3. 校园美食推荐功能

在美食推荐页面左上角创建一个返回按钮，单击后可以返回到主页面。在页面上方有一个图片画廊，显示了校内外推荐的美食，可以通过滑动进行图片切换，每一张图片都有不同的文字说明，图片画廊内的小圆点用于标识当前图片的位置。在页面的中部有两个按钮，单击后分别可以跳转到校内美食详情页面跟校外美食详情页面。

关键代码实现：

```
public void onCreate(Bundle savedInstanceState) {
        super.onCreate(savedInstanceState);
        setContentView(R.layout.school_food);

        initBackButton();                    // 初始化左上角的返回按钮，单击后跳转到主页面
        initViewPager();                     // 初始化顶部图片画廊
        initCampusFoodDetailButton();        // 初始化校园美食详情按钮
        initSurroundFoodDetailButton();      // 初始化周边美食详情按钮
}
```

其中 initViewPager() 代码如下：

```
private void initViewPager() {
        initImageViewList();                 // 初始化 ImageViewList，用于保存所有图片视图
        initViewPagerDots();                 // 初始化用于标记切换状态的小圆点
        setImageLabelAtFirstOpen();          // 将图片显示标签设定为第一张图片

        viewPager = (ViewPager) findViewById(R.id.vp);
        viewPager.setAdapter(new MyPagerAdapter());

        viewPager.setOnPageChangeListener(new OnPageChangeListener() {
            private int oldPosition = 0;

            @Override
            public void onPageSelected(int position) {
                // 每次切换图片时更改标签以及小圆点
                changeImageLabelAndDot(position);
            }
        });
}
```

4. 校园信息介绍功能

校园信息介绍页面包括三个子页面。其中第一页以图片文字为主。第二页使用一个 ListView 列出了学校所有的历史阶段，单击其中一栏，将显示该阶段详细的历史介绍。第三页用一个图片画廊展示了校园的风景图片，可以对顶部的缩略图进行滑动操作，下方会显示当前图片的放大版，并有简要的文字描述。

关键代码实现：

```
private class MyFragmentPagerAdapter extends FragmentPagerAdapter {//页面适配器

    public MyFragmentPagerAdapter(FragmentManager fm) {
        super(fm);
    }

    @Override
    public Fragment getItem(int position) {
        //使用简单工厂返回指定位置对应的标题
        return IntroduceFragmentFactory.getFragmentByPosition(position);
    }

    @Override
    public int getCount() {
        return PAGE_SIZE;
    }

    @Override
    public CharSequence getPageTitle(int position) {
        Locale locale = Locale.getDefault();
        //同样使用简单工厂根据位置返回对应的页面
        int titleID = IntroduceFragmentFactory.getFragmentTitleIDByPosition(position);
        return getString(titleID).toLowerCase(locale);
    }
}
```

详细代码请登录华章网站获取。

5. 新生报到服务功能

新生报到服务功能同样由三个子页面构成，采用 CharSequence 做出滑动切片的效果，使用 File 方式获取存放在程序中的图片文本数据。因三个页面结构相似，若为三个页面分别编写三个类，势必造成代码冗余。因此，这里通过编写一个通用的 Fragment 模板类，并用枚举来定义不同的页面，枚举中保存了视图布局 ID。模板页面启动前，先传入对应的页面枚举参数，模板页面获取参数后，根据布局 ID 决定创建哪个视图。

```
//启动前传入当前位置对应的枚举参数
Fragment fragment = new DummySectionFragment();
Bundle args = new Bundle();
args.putSerializable(DummySectionFragment.ARG_SECTION_ENUM,
    FoodPager.getPagerByPosition(position));
fragment.setArguments(args);

//在模板页面的onCreateView()方法中获取枚举参数，并创建视图
Pager pager = (Pager) getArguments().getSerializable(ARG_SECTION_ENUM);
View rootView = createViewByPagerEnum(pager);
return rootView;
```

6. 软件帮助功能

软件帮助模块功能较为简单，只是将 XML 中定义的布局设定为主页面即可，这里不再赘述。

9.6.2   客户端界面

　　用户界面设计尽量采用合理的方式，界面方面也在能力范围内尽量美观。借鉴了 Path 的界面布局，应用了大量的 Tab、Gallery、Tabview 等 Android SDK 提供的容器来使得界面美观人性化。校园指南系统客户端的界面全部采用 XML 文件布局，如图 9-6 所示。

　　通过给首页左下角的按钮设定相应的事件监听器，并绑定 Android API 中自带的动画效果，按钮的弹出和缩进表现得非常友好，如图 9-7 所示。

图 9-6　XML 布局的校园指南系统客户端的首页图　　图 9-7　单击 Menu 按钮的弹出缩进效果图

　　各个 Activity 调用特定的存放在 R.java 文件中的资源 id 获取数据，其数据显示如图 9-8 所示。

```
        */
        public static final int activity_horizontal_margin=0x7f050000;
        public static final int activity_vertical_margin=0x7f050001;
    }
public static final class drawable {
        public static final int a=0x7f020000;
        public static final int access_call=0x7f020001;
        public static final int b=0x7f020002;
        public static final int bk=0x7f020003;
        public static final int btn_back=0x7f020004;
        public static final int btn_back_selector=0x7f020005;
        public static final int btn_call_selector=0x7f020006;
        public static final int btn_food_selector=0x7f020007;
        public static final int btn_foru_selector=0x7f020008;
        public static final int btn_help_selector=0x7f020009;
        public static final int btn_intro_selector=0x7f02000a;
        public static final int btn_map_selector=0x7f02000b;
        public static final int btn_menu_selector=0x7f02000c;
        public static final int btn_top_pressed=0x7f02000d;
        public static final int button_call=0x7f02000e;
        public static final int button_call_1=0x7f02000f;
        public static final int button_food=0x7f020010;
        public static final int button_food_1=0x7f020011;
        public static final int button_foru=0x7f020012;
        public static final int button_foru_1=0x7f020013;
        public static final int button_help=0x7f020014;
        public static final int button_help_1=0x7f020015;
        public static final int button_intro=0x7f020016;
```

图 9-8　R.java 文件中的各个资源的 id

常用电话拨号页面采用了 RelativeLayout 的布局方式，其效果如图 9-9 所示。

校园地图导航页面采用了 LinearLayout 的布局方式，其效果如图 9-10 所示。

　　图 9-9　常用电话拨号页面的布局设计　　　　图 9-10　校园地图导航页面的布局设计

　　校园美食推荐主页面使用了 Gallery（图片库）组件，其效果如图 9-11 所示。

　　校园美食推荐功能的校外美食详情页面采用了 ScrollView 的切换方式和 LinearLayout 的布局方式，其效果如图 9-12 所示。

　　图 9-11　校园美食推荐主页面的布局设计　　　图 9-12　校园美食推荐子页面的布局设计

校园信息介绍功能的学校历史页面主要使用了 ListView 和 TextView 两种组件，其效果如图 9-13 所示。

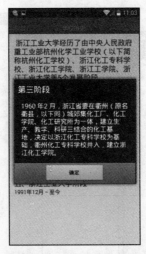

图 9-13　校园信息介绍功能子页面的布局设计

新生报到服务滑动页面采用了 ScrollView 的切换方式，其效果如图 9-14 所示。

软件帮助页面采用了 RelativeLayout 的布局方式，并使用了 TextView、ImageView 两种组件，其效果如图 9-15 所示。

图 9-14　新生报到服务页面的布局设计

图 9-15　软件帮助页面的布局设计

9.7　项目设计提高实践

本节将根据前面介绍的知识，要求读者完成自选软件项目系统设计相关工作。读者可根据本节最后给出的评价标准检验对知识的掌握程度。

1. 目的和要求

1）熟练掌握软件工程设计方法。

2）掌握软件项目管理过程管理。

3）意识到有好的编程实践和编程标准的重要性。

4）掌握项目的黑盒测试。

2. 实践内容

1）对提供的本章提供的"基于 Android 的新生校园指南系统"的设计部分内容进行评审，提出评审意见。

2）结合应用实际，完成自选项目的系统设计。

3）提交实践报告、可执行程序的源代码和功能测试报告。

3. 实践步骤

1）以项目团队为单位，学习本章提供的"基于 Android 的新生校园指南系统"的设计中架构、功能结构、类图和数据库设计，对该文档进行评审，提出评审意见。

2）根据需求分析提高实验中获得的规格说明，开展软件设计工作。

3）项目团队完成一份完整的设计文档的编制工作。

4）按照分工完成项目的编程和测试工作。

5）撰写实践报告。

4. 评价标准

实践内容第 1 题：评审意见合理，并提供了正确的问题描述，可以获得 12 ~ 15 分；没有回答，或者回答问题明显失实给 9 分以下。

实践内容第 2 题：根据对系统设计是否符合项目实际，文档是否符合规格说明来确定分数高低。对知识点掌握正确的可以得到 75 分；描述简单，给 65 ~ 74 分；错误不多，给 50 ~ 64 分；没有完成项目系统分析要求，并含有较多错误的，给 50 分以下。

实践内容第 3 题：根据功能测试结果与用户需求是否一致性，及编码是否注意编程风格来确定分数高低。最高可以得到 10 分，与项目需求基本一致且编程风格较好给 6 ~ 9 分，与项目需求不符合的给 5 分以下。

第10章 基于Web方式的校企联合培养系统需求获取

10.1 引言

近年来，在计算机科学与技术、软件工程等专业的人才培养过程中，很多高校进行了校企联合的应用型人才培养模式的创新与实践。校企双方以"双赢"为基础，逐步形成了一套完整的应用型人才培养模式，即培养目标面向需求、教学过程校企互动、培养途径因需制宜、师资队伍校企共组、实习方式多元优化的应用型人才培养模式。

本书第10～12章介绍的"基于Web方式的校企联合培养系统"是浙江工业大学软件工程系一名大三学生开发设计的一份软件工程大型作业。考虑到大三学生暑假开始就要到企业参加基础实习和提高实习，他们对参加实习招聘会的企业事先不一定了解；同样，企业也不了解学生，所以需要通过一个平台来增进双方的了解与沟通。此外，由于学生的实习是在校外企业中进行，实习中的教学过程管理以及教师、学生、企业三方的互动交流就显得尤为重要。

综合以上原因，该生开发出这样一个校企联合培养系统，为大三、大四同学的实习过程管理提供便利。他采用Web方式构建校企联合培养系统，以保证教师、学生、企业三方可以随时随地使用该系统。为了完成该系统，该生分析了实习过程中教师、学生、企业三种不同的角色，以及相应的业务过程，并通过软件工程的方法进行系统分析和设计。以下内容是该学生在完成基于Web方式的校企联合培养系统中提供的部分需求分析和设计文档。

10.2 应用实例领域分析

10.2.1 学生和企业之间存在的问题

学生在求职时，往往会遇到以下问题：

1）很多应届毕业生对求职时将要选择的企业不了解，直到参加求职的招聘会或实习双向选择会才开始逐步了解各家企业。

2）大多数学生不知道如何结合课本上所学的理论知识进行实践，或者由于课本上的理论知识往往更新得较慢，使得学校的教学内容与社会的需求不同步。

3）部分学生能力较强，但在面试时往往因发挥不好而没有被用人单位录用。

企业招聘时，会面临以下问题：

1）通过几轮面试招聘到的员工可能并不适合本企业的岗位。

2）对学生的能力不了解，使得所录用的学生要在企业学习很久才能胜任自己的工作。

10.2.2　如何解决学生和企业之间存在的问题

"基于 Web 方式的校企联合培养系统"（以下简称为校企联合培养系统）致力于打造一个服务于学生和企业的门户网站，从而能够走在素质教育与知识创新相结合的时代前端，并且以互联网技术应用作为依托，全力塑造一个崭新的门户网站的形象。

本网站面向的是以就业为目标的，想要进入更好的、更适合自己的企业的学生，以及想要招聘到更具有创新精神、更有能力的人才的企业。在学生找到合适工作的同时，企业通过网站发布具有一定难度的项目，审核学生做出的项目结果，定向观察培养自己需要的人才，从而解决各企业的人才培养和选拔问题，也为促进学校人才的培养营造出良好的教育氛围，形成一种全新的人才培养模式。

对于毕业之后准备直接就业的学生，可以通过企业介绍了解企业，并通过具体项目了解企业需要什么样的人才，应该如何让自己去满足企业的需要，及时地关注自己感兴趣的企业，并通过项目的完成情况让企业发现自己，为将来的就业打下基础。此外，通过项目，可以让学生在真实的实践环境中学习，以学促用、以用促学，充分调动学生的学习主动性，学习效果会更加突出。对于企业而言，通过一段时间内对学生项目完成情况的了解和评估，可以找到适合自己企业的人才，同时又可以确保通过该平台入职的学生对企业环境的了解和对主要业务的熟悉程度较高。

10.3　应用实例需求收集

10.3.1　用户特点

本系统的最终用户可以根据权限不同分为学校、企业、学生三大类，具体信息如表 10-1 所示。

表 10-1　用户权限

具体类型	权限	说明
企业	发布项目、删除项目、查看学生项目结果、关注优秀学生	企业要通过学生对自己企业项目的完成情况来审核学生的能力，从而及时关注适合自己企业的学生
学生	提交项目结果、关注企业	学生通过完成企业的项目来提高自己的能力，从而可以很早地适应自己所关注的企业，获得企业的关注
学校管理员	添加并审核企业信息、添加和删除学院管理员	管理员要审核学生和企业的信息，并且添加对应的学院管理员
学院管理员	添加并审核学生信息、审核项目	管理员要审核学生信息，防止弄虚作假，同时也要对企业发布的项目进行审核，确定项目是否适合学校学生来做

10.3.2　系统结构图

校企联合培养系统结构图如图 10-1 所示。

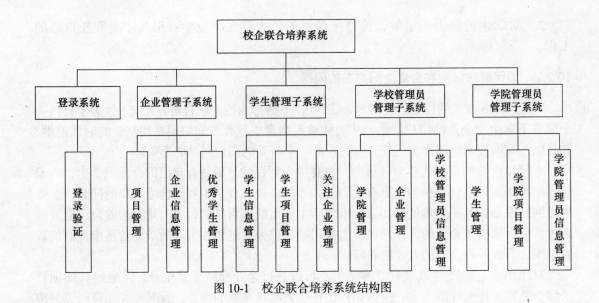

图 10-1 校企联合培养系统结构图

10.4 应用实例需求描述

10.4.1 管理系统用户信息

管理系统用户信息包括：

（1）验证用户身份

系统用户分为企业、学生、管理员三种角色，只有提供正确的用户名和密码才能登录本系统。

①管理员分为学校管理员和学院管理员。

②不同的角色有不同的权限。

③登录失败有错误提示，错误包括用户名不存在、用户名或密码错误、网络异常等。

④登录成功进入相应主界面，不同角色主界面不同。

（2）修改用户信息

①用户可以修改自己的基本信息。

②企业、学生、学校管理员、学院管理员都可以修改用户信息。

③修改密码时，原密码输入正确才能修改。

④用户密码不得少于 8 位。

⑤新密码与确认密码相同时才能修改。

⑥有修改成功提示。

（3）查看用户基本信息

用户可以查看自己的基本信息。

10.4.2 企业项目管理

企业、学生、学校管理员、学院管理员都可以对项目进行管理操作，只是每个角色的权限不同。这里所说的项目管理主要是指企业对项目的管理操作。

（1）发布项目

①企业根据自身需求或者培养目标发布项目，需填写项目名称、适用年级、截止日期、添加附件。

②发布项目后，学生可以看到已经发布的任务。

（2）删除项目

①企业、学院管理员可以删除项目。其中，企业只能删除自身发布的项目。

②支持批量删除。

（3）查看项目

①学院管理员可以查看所有项目的基本信息。

②企业可以查看自身发布的项目的基本信息。

（4）成果查看

①企业可以查看学生所做项目的成果并进行下载。

②成果显示按学生提交时间的先后排序。

（5）评价学生成果

①企业可以查看学生提交上来的项目完成成果，并对成果进行评价。

②系统会自动将评价反馈给相应的学生。

10.4.3　优秀学生管理

这部分内容不对学生开放，仅对企业开放。

对于优秀的学生或者有潜力的符合企业要求的学生，企业可以对其进行关注，将其加入自己的优秀学生库当中，以便查看该学生的动态。

具体操作如下：

（1）添加优秀学生

①企业对某学生关注，意味着已经将该学生添加到本企业的优秀学生库当中。

②支持批量关注。

（2）查看优秀学生

①对于已经添加到优秀学生库中的学生，企业可以看到该学生的信息。

②优秀学生信息包括：学号、姓名、所做项目名、项目成果，以及项目评价信息。

（3）删除优秀学生

①企业可以从优秀学生库中删除不想继续关注的学生。

②支持批量删除。

10.4.4　企业信息管理

企业信息管理包括以下两部分内容：

（1）查看企业简介

①企业、学生、学校管理员、学院管理员都可以查看本企业的企业简介。

②学生可以通过关注企业的页面看到所有关注的企业的列表。

③选中某个企业就可以看到该企业的简介。

（2）修改企业简介

企业可以修改本企业的简介，包括企业名称、规模、研究方向、招聘岗位、待遇等信息。

10.4.5 学生信息管理

学生可以对自身的简历进行管理操作，具体包括以下内容：

（1）简历查看

学生可以查看已经提交的个人简历。

（2）修改简历

①学生可以修改个人简历。

②个人简历需要通过管理员的审核，以保证信息的正确性和真实性。

（3）修改学生信息

①学生可以修改自己的基本信息。

②修改密码时，原密码输入正确才能修改。

③用户密码不得少于 8 位。

④新密码与确认密码相同才能修改。

⑤有修改成功提示，修改成功重新登录。

10.4.6 学生项目管理

企业、学生、学校管理员、学院管理员都可以对项目进行管理操作，但是每个角色的权限不同。上面已经介绍过企业对于项目的管理，这里重点介绍学生对于项目的管理操作。

（1）查看项目评价

①选中其中一个项目。

②单击企业评价查看该企业对此学生的评价信息。

③学生所做项目信息按完成时间先后排序。

（2）查看项目

①学生可以查看还未过期的项目的基本信息以及已提交的项目的信息。

②单击下载，可以下载附件查看项目详细题目。

③学生所关注企业的新项目显示在前面。

（3）提交项目成果

①学生可以提交做好的项目。

②学生所关注企业的新项目显示在前面。

③超过截止日期将无法提交成果。

④项目相应的企业可以看到学生提交的成果。

10.4.7 关注企业管理

学生可以对自己喜欢的企业进行关注，包括：

（1）关注企业

①学生可以在某个企业主页选择"关注"按钮，对自己喜欢的企业进行关注。

②可以进行批量关注。

③在关注企业板块，可以看到已关注的企业的列表。

④单击某个企业的名称，可以查看该企业的企业简介以及最新动向。

（2）取消关注

①学生可以取消对某个企业的关注。

②支持批量取消关注。

10.4.8 学院管理

学院管理板块包括三个子板块：

（1）添加学院管理员

①学校管理员可以添加学院管理员，使其拥有学院管理员的权限。

②添加学院管理员需选定学院名称。

③学院管理员只具有管理本学院内部事宜的权限。

（2）删除学院管理员

①学校管理员可以删除学院管理员。

②删除后该管理员只具有普通用户的权限。

③支持批量删除。

（3）查看学院管理员

可以查看现有的管理员名单。

10.4.9 企业管理

学校管理员可以对企业进行管理，操作包括：

（1）添加企业

学校管理员可以添加企业。

（2）删除企业

①学校管理员可以删除企业。

②可以进行批量删除。

（3）查看企业

①学校管理员可以查看企业信息。

②学校管理员可以对企业信息的真实性进行审核。

（4）企业简介审核

修改过的企业简介需要经过管理员审核。

10.4.10 学校管理员信息管理

学校管理员可以对自己的信息进行管理，具体操作是修改管理员信息，包括：

①管理员可以修改自己的基本信息。

②修改密码时，原密码输入正确才能修改。

③密码不得少于 8 位。

④新密码与确认密码相同才能修改。

⑤有修改成功提示，修改成功重新登录。

10.4.11 学生管理

学院管理员可以对学生进行管理，管理操作包括：

（1）添加学生

①输入学生基本信息，单击确认并提交。

②密码默认与学号相同，无须输入。

③可以进行批量添加。

④学生基本信息包括：学号、姓名、性别、专业、密码、所在年级。

（2）删除学生

①学院管理员可以删除学生。

②可以进行批量删除。

（3）查看学生基本信息

①学院管理员可以查看学生的基本信息。

②学生基本信息包括：学号、姓名、性别、专业、密码、所在年级。

（4）学生简历审核

学院管理员可以对学生简历进行审核。

10.4.12　学院项目管理

学院管理员可以对企业进行管理，操作包括：

（1）查看项目信息

学院管理员可以查看项目详细信息，包括发布时间、发布企业等信息。

（2）删除项目

①学院管理员可以删除具体项目。

②可以进行批量删除。

（3）审核项目

学院管理员可以审核项目信息，对不符合要求的项目可以进行删除。

10.4.13　学院管理员信息管理

学院管理员可以对自己的信息进行管理，操作包括：

①管理员可以修改自己的基本信息。

②修改密码时，原密码输入正确才能修改。

③密码不得少于 8 位。

④新密码与确认密码相同才能修改。

⑤有修改成功提示，修改成功重新登录。

10.5　用例图分析

用例图是对包括变量在内的一组动作序列的描述，系统执行这些动作并产生传递特定参与者的价值的可观察结果。以下是对上述获取出来的需求进行用例分析。

10.5.1　管理系统用户信息用例

管理系统用户信息用例图如图 10-2 所示。

10.5.2　企业项目管理用例

企业项目管理用例图如图 10-3 所示。

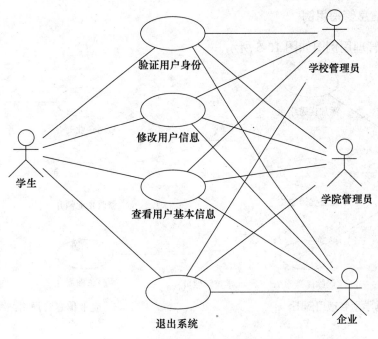

图 10-2　管理系统用户信息用例图

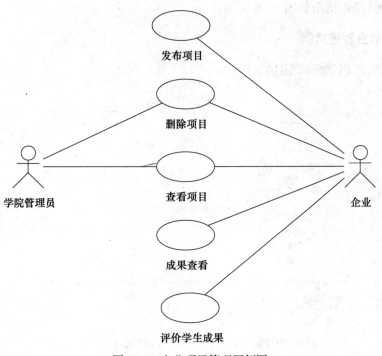

图 10-3　企业项目管理用例图

10.5.3　优秀学生管理用例

优秀学生管理用例图如图 10-4 所示。

10.5.4　企业信息管理用例

企业信息管理用例图如图 10-5 所示。

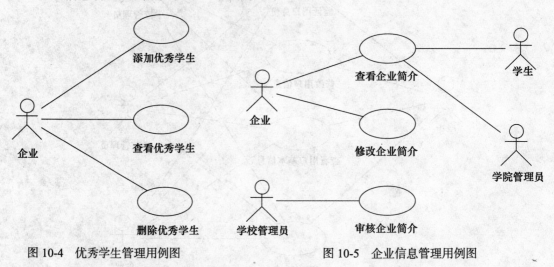

图 10-4　优秀学生管理用例图　　　　图 10-5　企业信息管理用例图

10.5.5　学生项目管理用例

学生项目管理用例图如图 10-6 所示。

10.5.6　学生信息管理用例

学生信息管理用例图如图 10-7 所示。

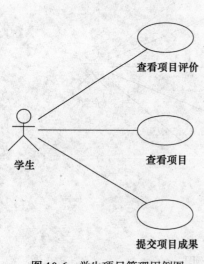

图 10-6　学生项目管理用例图　　　　图 10-7　学生信息管理用例图

10.5.7　关注企业管理用例

关注企业管理用例图如图 10-8 所示。

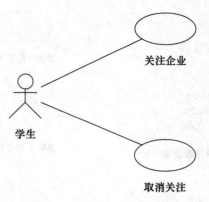

图 10-8   关注企业管理用例图

10.5.8   学生管理用例

学生管理用例图如图 10-9 所示。

10.5.9   企业管理用例

企业管理用例图如图 10-10 所示。

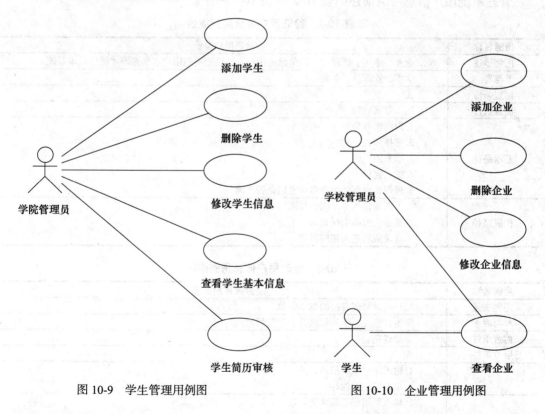

图 10-9   学生管理用例图   图 10-10   企业管理用例图

10.5.10   学院管理用例

学院管理用例图如图 10-11 所示。

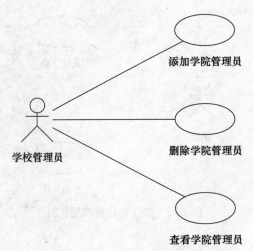

图 10-11 学院管理用例图

10.6 用例描述

10.6.1 管理系统用户信息

管理系统用户信息用例描述如表 10-2 ～表 10-5 所示。

表 10-2 验证用户身份用例描述

用例名称	验证用户身份
用例描述	企业、学生、管理员三种角色的用户，提供正确的用户名和密码才能登录本系统
参与者	学生、管理员、企业
前置条件	无
后置条件	用户登录成功
基本路径	1. 列出所有角色 2. 选择角色登录 3. 输入用户名 4. 输入密码 5. 根据角色判断用户名和密码是否正确
扩展路径	1. 不同的角色有不同的权限 2. 登录失败有错误提示 3. 登录成功进入相应界面

表 10-3 修改用户信息用例描述

用例名称	修改用户信息
用例描述	用户可以修改自己的基本信息
参与者	学生、企业、学校管理员、学院管理员
前置条件	登录成功
后置条件	无
基本路径	1. 输入用户基本信息 2. 单击确定并保存
扩展路径	1. 输入原密码正确才能修改 2. 用户密码不得少于 8 位 3. 新密码与确认密码相同才能修改 4. 有修改成功提示
补充说明	无

表 10-4 查看用户基本信息用例描述

用例名称	查看用户基本信息
用例描述	用户可以查看自己的基本信息
参与者	学生、企业、学校管理员、学院管理员
前置条件	登录成功
后置条件	无
基本路径	1. 单击查看信息 2. 列出用户基本信息
扩展路径	无
补充说明	无

表 10-5 退出系统用例描述

用例名称	退出系统
用例描述	用户注销当前的登录，返回未登录状态
参与者	学生、企业、学校管理员、学院管理员
前置条件	登录成功
后置条件	退出成功
基本路径	1. 单击退出系统按钮 2. 删除当前用户的会话信息 3. 系统返回未登录状态
扩展路径	无
补充说明	无

10.6.2 企业项目管理

企业项目管理用例描述如表 10-6 ~ 表 10-11 所示。

表 10-6 发布项目用例描述

用例名称	发布项目
用例描述	企业可以发布项目
参与者	企业
前置条件	登录成功
后置条件	发布成功
基本路径	1. 填写项目名称 2. 填写适用年级 3. 填写截止日期 4. 添加附件
扩展路径	1. 发布之前需确认 2. 有发布成功提示
补充说明	无

表 10-7 查看项目用例描述

用例名称	查看项目
用例描述	企业、学院管理员、学生可以查看企业已发布的项目
参与者	企业、学院管理员、学生
前置条件	登录成功
后置条件	无

（续）

用例名称	查看项目
基本路径	1. 显示所有发布的项目 2. 选中该项目 3. 单击下载，下载附件查看项目详细题目
扩展路径	1. 学生所关注企业的新项目显示在前面 2. 学院管理员、企业查看项目按照发布时间顺序显示
补充说明	项目信息包括：项目名、发布企业名、适用学生、项目附件、截止日期

表 10-8　删除项目用例描述

用例名称	删除项目
用例描述	企业、学院管理员可以删除项目
参与者	企业、学院管理员
前置条件	登录成功
后置条件	发布成功
基本路径	1. 显示该企业所发布的所有项目 2. 选定所要删除项目信息 3. 单击该项目信息的删除按钮
扩展路径	1. 删除之前需确认 2. 可以进行批量删除
补充说明	企业所发布的项目信息包括：项目标题和发布时间

表 10-9　审核项目用例描述

用例名称	审核项目
用例描述	学院管理员可以审核项目基本信息
参与者	学院管理员
前置条件	登录成功
后置条件	无
基本路径	1. 单击查看项目 2. 列出所有项目信息 3. 审核项目是否可以通过
扩展路径	单击下载可以查看项目内容
补充说明	无

表 10-10　成果查看用例描述

用例名称	成果查看
用例描述	企业可以查看学生所做项目
参与者	企业
前置条件	登录成功
后置条件	无
基本路径	1. 显示该企业所发布的所有项目 2. 单击详情进入，显示所有参与该项目的学生 3. 单击下载，下载学生所做的项目成果
扩展路径	1. 有下载消息提示 2. 成果显示按学生提交时间的先后排序

表 10-11 评价学生成果用例描述

用例名称	评价学生成果
用例描述	企业可以评价学生提交的成果
参与者	企业
前置条件	登录成功
后置条件	评价成功
基本路径	1. 显示该企业发布的所有项目 2. 单击详情进入，显示所有参与该项目的学生 3. 单击评价，进入评价页面 4. 输入评价信息后提交
扩展路径	1. 学生成果信息按提交时间排序 2. 评价成功后有相应的提示
补充说明	无

10.6.3 优秀学生管理

优秀学生管理用例描述如表 10-12 ~ 表 10-14 所示。

表 10-12 添加优秀学生用例描述

用例名称	添加优秀学生
用例描述	企业可以将学生添加到自己的优秀学生库中
参与者	企业
前置条件	登录成功
后置条件	关注成功
基本路径	1. 显示该企业所发布的所有项目 2. 单击详情进入，显示所有参与该项目的学生 3. 单击关注，将该学生添加到此企业的优秀学生库中
扩展路径	1. 有关注成功信息提示 2. 学生成果信息按提交时间的显示排序 3. 可以批量关注
补充说明	无

表 10-13 查看优秀学生用例描述

用例名称	查看优秀学生
用例描述	企业可以查看自己的优秀学生库中的学生
参与者	企业
前置条件	登录成功
后置条件	无
基本路径	1. 显示该企业所关注的所有优秀学生 2. 单击已做项目查看该学生所做的所有项目 3. 选中该学生 4. 单击下载可查看该项目成果，单击评价可以查看企业对该学生所做项目的评价
扩展路径	无
补充说明	优秀学生信息包括：学号、姓名、所做项目名、项目成果，以及项目评价信息

表 10-14 删除优秀学生用例描述

用例名称	删除优秀学生
用例描述	企业可以删除自己的优秀学生库中的学生
参与者	企业
前置条件	登录成功
后置条件	删除成功
基本路径	1. 显示该企业的所有优秀学生 2. 选中该优秀学生 3. 单击删除
扩展路径	1. 可以批量删除 2. 删除时有确认提示 3. 有删除成功提示消息
补充说明	优秀学生信息包括：学号、姓名、所做项目名、项目成果，以及项目评价信息

10.6.4 企业信息管理

企业信息管理用例描述如表 10-15 ~ 表 10-16 所示。

表 10-15 查看企业简介用例描述

用例名称	查看企业简介
用例描述	企业可以查看自己的简介
参与者	企业
前置条件	登录成功
后置条件	无
基本路径	1. 单击企业简介 2. 显示企业简介
扩展路径	无
补充说明	无

表 10-16 修改企业简介用例描述

用例名称	修改企业简介
用例描述	企业可以修改自己的简介
参与者	企业
前置条件	登录成功
后置条件	修改成功
基本路径	1. 单击修改企业简介 2. 填写企业简介 3. 提交并确认
扩展路径	1. 有确认提交提示 2. 有修改成功提示
补充说明	无

10.6.5 学生项目管理

学生项目管理用例描述如表 10-17 ~ 表 10-18 所示。

表 10-17 查看项目评价用例描述

用例名称	查看项目评价
用例描述	学生可以查看已完成的项目的评价
参与者	学生
前置条件	登录成功
后置条件	无
基本路径	1. 显示该学生所做的所有项目信息 2. 选中其中一个项目 3. 单击企业评价查看该企业对此学生的评价信息
扩展路径	学生所做项目信息按完成时间先后排序
补充说明	学生所做项目信息包括：项目名称、发布企业名称、完成时间、企业评价

表 10-18 提交项目成果用例描述

用例名称	提交项目成果
用例描述	学生可以提交自己所做项目的成果
参与者	学生
前置条件	登录成功
后置条件	无
基本路径	1. 显示所有新发布的项目 2. 选中该项目 3. 单击提交，选择成果并提交
扩展路径	1. 学生所关注企业的新项目显示在前面 2. 截止日期过后将无法提交成果
补充说明	新发布的项目信息包括：项目名、发布企业名、适用学生、项目附件、截止日期、成果附件

10.6.6 学生信息管理

学生信息管理用例描述如表 10-19 ~ 表 10-20 所示。

表 10-19 简历查看用例描述

用例名称	简历查看
用例描述	学生可以查看自己所写的简历
参与者	学生
前置条件	登录成功
后置条件	无
基本路径	1. 单击个人简历 2. 显示学生所写的个人简历
扩展路径	无
补充说明	无

表 10-20 修改简历用例描述

用例名称	修改简历
用例描述	学生可以修改自己的个人简历
参与者	学生
前置条件	登录成功

（续）

用例名称	修改简历
后置条件	修改成功
基本路径	1. 单击修改个人简历 2. 填写学生的个人简历 3. 确认并提交
扩展路径	1. 有确认提交提示 2. 有修改成功提示
补充说明	无

10.6.7　关注企业管理

关注企业管理用例描述如表 10-21 ~ 表 10-22 所示。

表 10-21　关注企业用例描述

用例名称	关注企业
用例描述	学生可以对自己喜欢的企业进行关注
参与者	学生
前置条件	登录成功
后置条件	关注成功
基本路径	1. 显示企业基本信息 2. 选中所要关注企业 3. 单击关注进行关注
扩展路径	1. 有关注成功信息提示 2. 可以进行批量关注
补充说明	企业基本信息包括：企业名、企业简介

表 10-22　取消关注用例描述

用例名称	取消关注
用例描述	学生可以取消对某企业的关注
参与者	学生
前置条件	登录成功
后置条件	删除成功
基本路径	1. 显示所关注的企业 2. 选中所要删除的企业 3. 单击删除后取消关注
扩展路径	1. 能批量取消关注 2. 有删除成功提示
补充说明	所关注的企业信息包括：企业名

10.6.8　学生管理

学生管理用例描述如表 10-23 ~ 表 10-26 所示。

表 10-23 添加学生用例描述

用例名称	添加学生
用例描述	学院管理员负责添加学生
参与者	学院管理员
前置条件	登录成功
后置条件	添加成功
基本路径	1. 输入学生基本信息 2. 单击确认并提交
扩展路径	1. 密码默认与学号相同，无须输入 2. 可以进行批量添加
补充说明	学生基本信息包括：学号、姓名、性别、专业、密码、所在年级

表 10-24 删除学生用例描述

用例名称	删除学生
用例描述	学院管理员可以删除学生
参与者	学院管理员
前置条件	登录成功
后置条件	删除成功
基本路径	1. 显示所有学生的信息 2. 选中某个学生 3. 删除所选学生
扩展路径	1. 有确认删除提示 2. 有删除成功信息提示 3. 可以进行批量删除
补充说明	学生基本信息包括：学号、姓名、性别、专业、密码、所在年级

表 10-25 查看学生基本信息用例描述

用例名称	查看学生基本信息
用例描述	学院管理员可以查看学生的基本信息
参与者	学院管理员
前置条件	登录成功
后置条件	无
基本路径	1. 单击查看学生 2. 学生基本信息
扩展路径	无
补充说明	学生基本信息包括：学号、姓名、专业

表 10-26 学生简历审核用例描述

用例名称	学生简历审核
用例描述	学院管理员可以对学生所写的简历进行审核
参与者	学院管理员
前置条件	登录成功
后置条件	审核通过
基本路径	1. 显示学生基本信息列表 2. 单击通过
扩展路径	有更改成功提示信息
补充说明	1. 学生信息包括：学号、姓名、专业和简历 2. 简历需单击进入后才能查看

10.6.9 企业管理

企业管理用例描述如表 10-27 ~ 表 10-30 所示。

表 10-27 添加企业用例描述

用例名称	添加企业
用例描述	管理员可以添加企业
参与者	学校管理员
前置条件	登录成功
后置条件	无
基本路径	1. 输入企业名 2. 输入密码 3. 单击添加并提交
扩展路径	有添加成功提示
补充说明	无

表 10-28 审核企业用例描述

用例名称	审核企业
用例描述	管理员可以审核企业信息是否正确
参与者	学校管理员
前置条件	登录成功
后置条件	无
基本路径	1. 输入企业名 2. 显示企业简介 3. 查看企业信息 4. 审核是否通过
扩展路径	审核通过提示
补充说明	无

表 10-29 删除企业用例描述

用例名称	删除企业
用例描述	学校管理员可以删除企业
参与者	学校管理员
前置条件	登录成功
后置条件	删除成功
基本路径	1. 列出所有企业 2. 选中所需删除企业 3. 删除所选企业
扩展路径	可以进行批量删除
补充说明	无

表 10-30 查看企业用例描述

用例名称	查看企业
用例描述	学校管理员可以查看企业信息
参与者	学校管理员
前置条件	登录成功
后置条件	无

（续）

用例名称	查看企业
基本路径	1. 单击查看企业 2. 列出所有企业
扩展路径	单击下载可以查看项目内容
补充说明	无

10.6.10　学院管理

学院管理用例描述如表 10-31 ~ 表 10-33 所示。

表 10-31　添加学院管理员用例描述

用例名称	添加学院管理员
用例描述	学校管理员可以添加学院管理员
参与者	学校管理员
前置条件	登录成功
后置条件	添加成功
基本路径	1. 输入用户名 2. 输入密码 3. 选择学院管理员所在学院 4. 添加相应的学院管理员
扩展路径	无
补充说明	无

表 10-32　删除学院管理员用例描述

用例名称	删除学院管理员
用例描述	学校管理员可以删除学院管理员
参与者	学校管理员
前置条件	登录成功
后置条件	删除成功
基本路径	1. 列出所有学院管理员信息 2. 选中要删除的管理员 3. 删除选中的管理员
扩展路径	1. 删除有确认提示 2. 有删除成功提示 3. 能批量删除
补充说明	无

表 10-33　查看学院管理员用例描述

用例名称	查看学院管理员
用例描述	学校管理员可以查看学院管理员基本信息
参与者	学校管理员
前置条件	登录成功
后置条件	无
基本路径	1. 单击查看学院管理员 2. 列出学院管理员信息
扩展路径	无
补充说明	无

10.7 需求获取提高实践

本节将根据前面介绍的知识，要求读者完成自选软件项目需求提取相关工作。读者可根据本节最后给出的评价标准检验对知识的掌握程度。

1. 目的和要求

1）熟练掌握软件工程需求获取方法。

2）掌握各种软件小组组织的优缺点，重视小组组织对工程项目的影响。

3）联系实际，了解当前软件工程的主要应用方向。

2. 实践内容

1）对本章"基于 Web 方式的校企联合培养系统"的需求进行评审，提出评审意见。

2）结合应用实际，选择一个小型项目做需求获取，选题应有实际意义和创新性。

3）利用 Rational Rose 工具为需求分析建立详细的用例模型。

4）完成实践报告。

3. 实践步骤

1）以 4～6 人为一组，组建开发团队，确定团队的工作方式，确定 1 名项目经理，组员之间进行分工和协作。

2）按照软件需求获取的要求以及 UML 用例图、用例描述说明，联系实际对该项目进行评审，提出评审意见。

3）完成本团队项目的选题、组员分工，并与教师确定选题，非功能密集型、非流程复杂性软件不适宜作为题目。

4）根据软件需求获取的基础实验步骤，完成自选题目的需求获取和报告。

5）提交实践报告。

4. 评价标准

实践内容第 1 题：评审意见合理，并提供了正确的问题描述，可以获得 8～10 分；评审意见基本合理，问题描述没有较多错误得 6～7 分；没有回答，或者回答问题明显失实给 5 分以下。

实践内容第 2 题：

1）自选项目选题有实际意义或者有创新性可以获得 16～20 分，无实际意义或者没有创新性给 14 分以下。

2）根据对需求分析是否符合项目实际，并是否有完整用例图、用例描述是否正确来确定分数高低。对知识点掌握正确的可以得到 52～65 分；描述简单，给 55～64 分；错误不多，给 40～54 分；没有完成项目系统分析要求，并含有较多错误的，给 40 分以下。

3）团队组织形式明确，符合项目需要可以得到 3～5 分；没有明确的组织形式或者和项目不符合给 2 分以下。

第 11 章　基于 Web 方式的校企联合培养系统需求分析

11.1　引言

　　基于 Web 方式的校企联合培养系统以加强企业和学生之间的联系为目标，以企业发布项目为核心，开展项目管理和学生管理。下面是根据面向对象分析步骤对系统的实体类、控制类和边界类进行建模，给出顺序图，并对存储数据进行分析的有关文档截取部分。

11.2　实例类图分析

11.2.1　实体类建模

　　实体类建模图如图 11-1 所示。

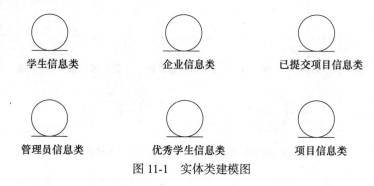

图 11-1　实体类建模图

11.2.2　控制类建模

　　控制类建模图如图 11-2 所示。

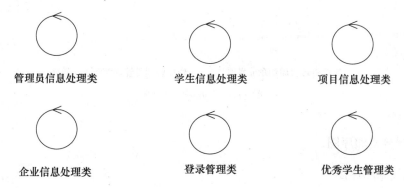

图 11-2　控制类建模图

11.2.3 边界类建模

边界类建模图如图 11-3 所示。

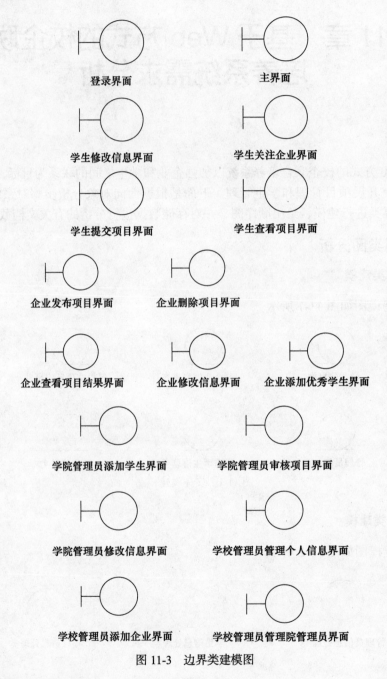

登录界面   主界面

学生修改信息界面   学生关注企业界面

学生提交项目界面   学生查看项目界面

企业发布项目界面   企业删除项目界面

企业查看项目结果界面   企业修改信息界面   企业添加优秀学生界面

学院管理员添加学生界面   学院管理员审核项目界面

学院管理员修改信息界面   学校管理员管理个人信息界面

学校管理员添加企业界面   学校管理员管理院管理员界面

图 11-3   边界类建模图

11.2.4 场景分析顺序图

1. 学生登录顺序图

学生登录顺序图如图 11-4 所示。

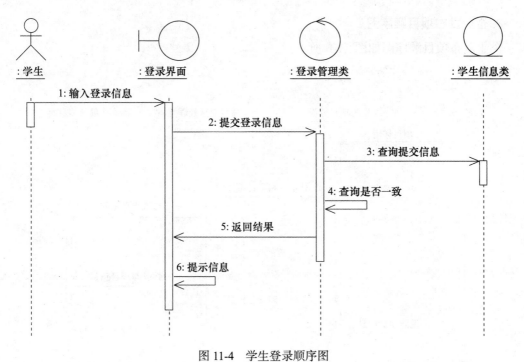

图 11-4 学生登录顺序图

2. 学生关注企业顺序图

学生关注企业顺序图如图 11-5 所示。

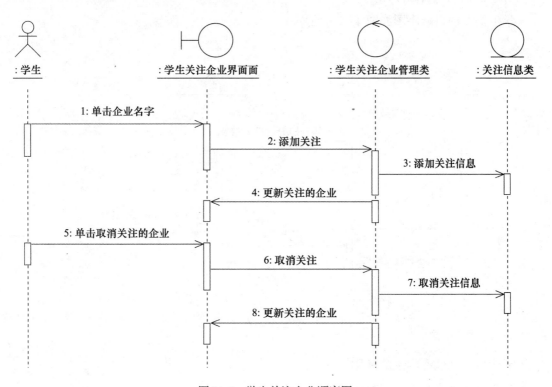

图 11-5 学生关注企业顺序图

3.企业发布项目顺序图

企业发布项目顺序图如图 11-6 所示。

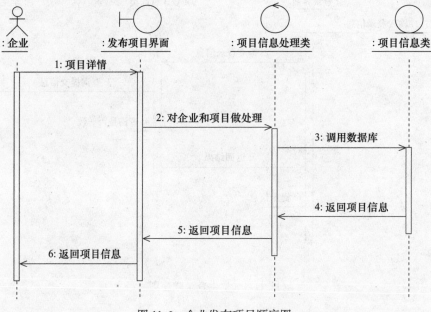

图 11-6　企业发布项目顺序图

4.学生提交项目顺序图

学生提交项目顺序图如图 11-7 所示。

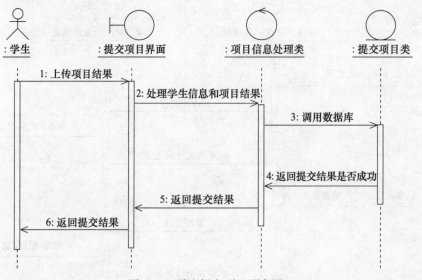

图 11-7　学生提交项目顺序图

5.企业添加优秀学生顺序图

企业添加优秀学生顺序图如图 11-8 所示。

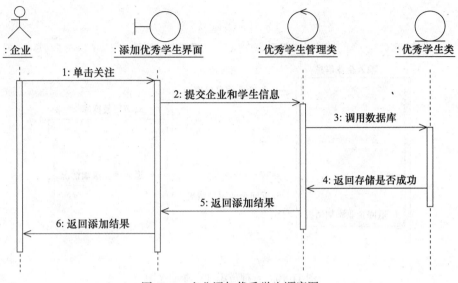

图 11-8　企业添加优秀学生顺序图

6. 学院管理员审核项目顺序图

学院管理员审核项目顺序图如图 11-9 所示。

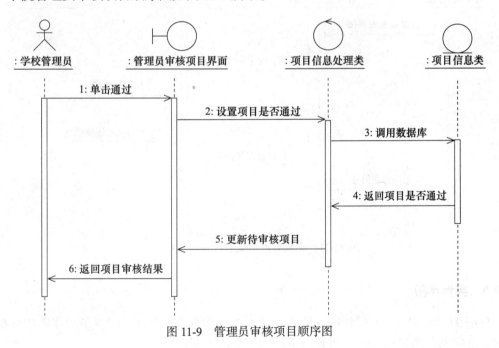

图 11-9　管理员审核项目顺序图

7. 学校管理员添加企业顺序图

学校管理员添加企业顺序图如图 11-10 所示。

8. 学校管理员查看企业信息顺序图

学校管理员查看企业信息顺序图如图 11-11 所示。

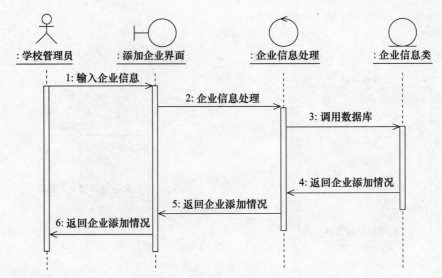

图 11-10　管理员添加企业顺序图

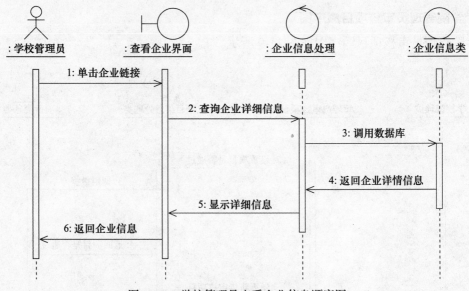

图 11-11　学校管理员查看企业信息顺序图

11.2.5　实例类图

现将 11.2.1~11.2.3 节得到的实体类、控制类、边界类，根据 11.2.4 节顺序图中分析得到的类之间的关系进行合并，得到以下较为完整的类图。

1. 学生类图

学生类图如图 11-12 所示。

2. 企业类图

企业类图如图 11-13 所示。

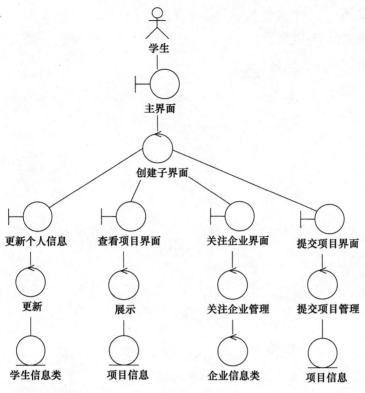

图 11-12　学生类图

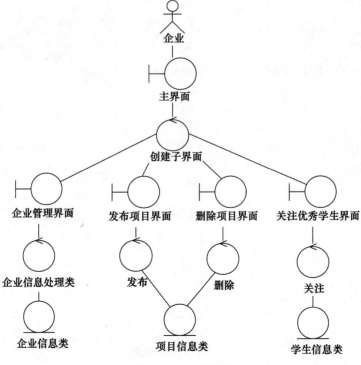

图 11-13　企业类图

3. 管理员类图

管理员类图如图 11-14 所示。

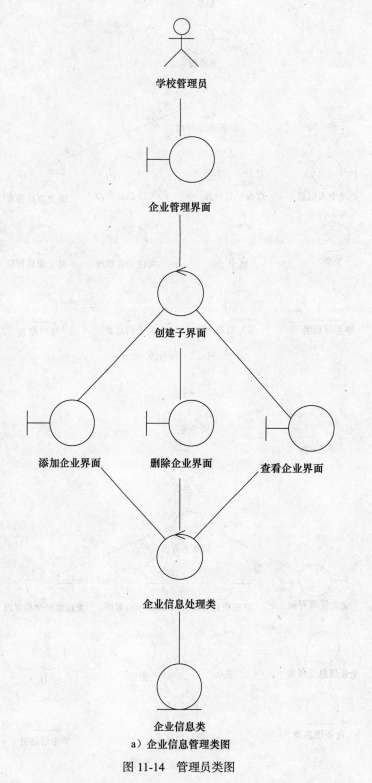

学校管理员

企业管理界面

创建子界面

添加企业界面   删除企业界面   查看企业界面

企业信息处理类

企业信息类

a）企业信息管理类图

图 11-14   管理员类图

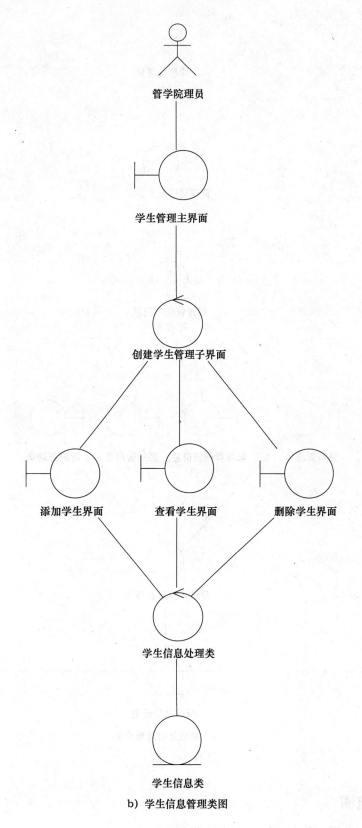

b）学生信息管理类图

图 11-14（续）

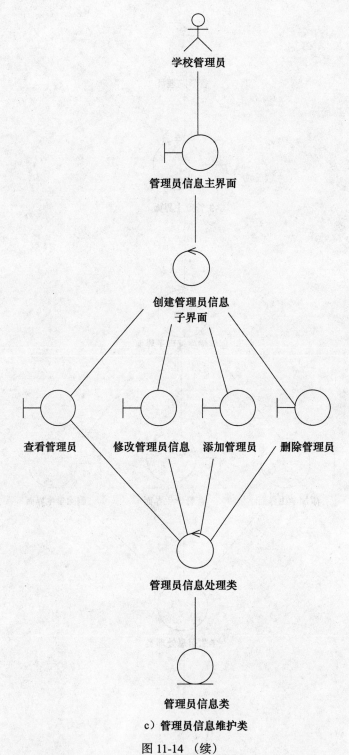

c）管理员信息维护类

图 11-14 （续）

11.3 数据流图

校企联合培养系统数据流图如图 11-15 所示。

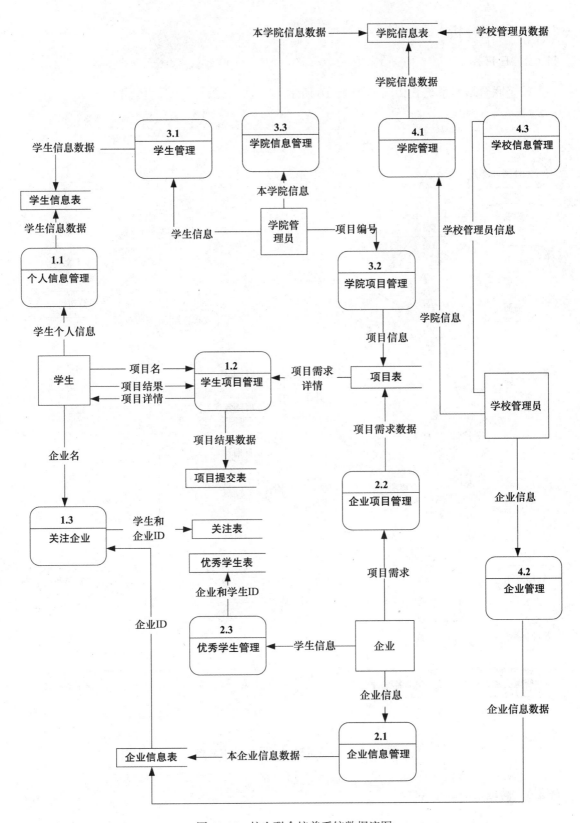

图 11-15　校企联合培养系统数据流图

11.4 数据分析

11.4.1 E-R 图

校企联合培养系统 E-R 图如图 11-16 所示。

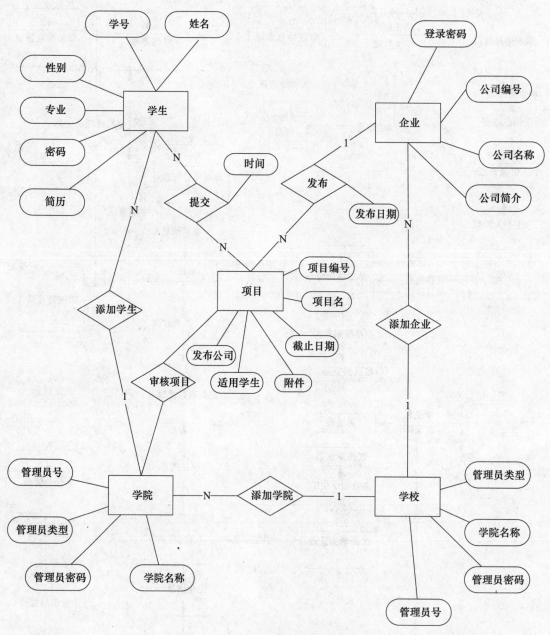

图 11-16 校企联合培养系统 E-R 图

11.4.2 数据库表的设计

校企联合培养系统数据库表的设计如表 11-1 ～ 表 11-8 所示。

表 11-1　学生表

字段	数据类型	长度	否 null	备注
学号 stuid	int		否	主键
姓名 stuname	varchar	10	是	
性别 stusex	char	1	是	
专业 studept	varchar	10	是	
密码 stupwd	varchar	10	是	
个人简历 resume	varchar	1000	是	
年级 stuType	int		是	1- 大一 依次类推
简历审核 resumecondition	char	1	是	1- 通过, 0- 未通过

表 11-2　公司表

字段	数据类型	长度	是否允许值	备注
公司编号 companyid	int		否	主键
公司名称 companyname	varchar	20	是	
公司简介 companyinfo	varchar	500	是	
登录密码 companypwd	varchar	10	是	
公司审核 companycondition	char	1	是	1- 通过, 0- 未通过

表 11-3　管理员表

字段	数据类型	长度	是否 null	备注
管理员号 managerid	int		否	主键
管理员密码 managerpwd	varchar	10	是	
管理员类型 managertype	char	1	是	1- 校管理员, 0- 院管理员
学院名称 managecollege	varchar	20	是	

表 11-4　项目表

字段	数据类型	长度	是否 null	备注
项目编号 projectid	int		否	主键
项目名 projectname	varchar	20	是	
发布日期 projectdate	date		是	
截止日期 deadline	date		是	
附件 projectattach	varchar	50	是	
发布公司 companyid	int		是	外键
适用学生 studenttype	char	1	是	1- 大一, 依次类推

表 11-5　优秀学生表

字段	数据类型	长度	是否 null	备注
优秀学生编号 goodstuid	int		否	主键
公司编号 companyid	int		是	外键
学号 stuid	int		是	外键

表 11-6 关注表

字段	数据类型	长度	是否 null	备注
关注编号 attentionid	int		否	主键
学号 stuid	int		是	外键
公司编号 companyid	int		是	外键

表 11-7 项目评价表

字段	数据类型	长度	是否 null	备注
编号 scoreid	int		否	主键
学号 stuid	int		是	外键
所做项目 projectid	int		是	外键
项目成果附 achievement	char	50	是	
评价 praise	varchar	100	是	
提交时间 submitdate	date		是	

表 11-8 提交项目表

字段	数据类型	长度	是否 null	备注
项目编号 projectid	int		否	主键
学号 stuid	int		是	主键
时间 time	date		是	
存储路径 path	varchar	50	是	

11.5 需求分析提高实践

1. 目的和要求

1）熟练掌握软件工程需求分析方法。

2）掌握软件项目管理计划的内容和制定，重视对项目过程管理和监控。

2. 实践内容

1）对提供的"基于 Web 方式的校企联合培养系统"的类图、顺序图进行评审，提出评审意见。

2）结合应用实际，完成自选项目的需求分析。

3）利用 Microsoft Project 工具完成项目管理计划的制定。

4）完成实践报告。

3. 实践步骤

1）以项目团队为单位，学习前面章节提供的"基于 Web 方式的校企联合培养系统"需求分析中的类图、顺序图以及数据分析，对该文档进行评审，提出评审意见。

2）根据需求提高实验中获得的需求，进一步开展自选项目的需求分析。

3）以需求规格说明书为书写大纲，分工完成需求文档的编制。

4）以 Microsoft Project 为辅助工具完成项目管理计划的制定。

5）撰写并提交实践报告。

4. 评价标准

实践内容第 1 题：评审意见合理，并提供了正确的问题描述，可以获得 12～15 分；没有回答，或者回答问题明显失实给 9 分以下。

实践内容第 2 题：根据对需求分析是否符合项目实际，文档是否符合规格说明来确定分数高低。对知识点掌握正确的可以得 75 分；描述简单，给 65～74 分；错误不多，给 50～64 分；没有完成项目系统分析要求，并含有较多错误的，给 50 分以下。

实践内容第 3 题：项目管理计划内容符合 IEEE 标准，项目安排符合项目实际需要可以得到 10 分；没有明确的内容或者和项目不符合实际给 5 分以下。

第 12 章 基于 Web 方式的校企联合培养系统设计

12.1 引言

本章是开发小组根据面向对象的设计方法，完成的基于 Web 方式的校企联合培养系统设计的部分截取文档，主要对面向对象分析阶段获取的类进行了详细设计，并给出了系统结构图中各子系统的接口定义，以及用户主要的界面设计。

12.2 应用实例面向对象的类详细设计

12.2.1 实体类细化

1. 学生类

学生类如图 12-1 所示。

2. 企业类

企业类如图 12-2 所示。

学生信息类
-stuid : int -name : string -studept : string -stupwd : string -resume : string -resumeCondition : string -stuType : int
+setStuid() +getStuid() +setName() +getName() +setStupwd() +getStupwd() +setResume() +getResume() +setResumeCondition() +getResumeCondition() +setStuType() +getStuType()

图 12-1 学生信息类

企业类
-companyId : int -companyName : string -companyPwd : string -companyCondition : string
+setCompanyId() +getCompanyId() +setCompanyName() +getCompanyName() +setCompanyPwd() +getCompanyPwd() +setCompanyCondition() +getCompanyCondition()

图 12-2 企业类

3. 管理员类

管理员类如图 12-3 所示。

4. 项目类

项目类如图 12-4 所示。

```
┌─────────────────────────┐
│          项目类          │
├─────────────────────────┤
│ –projectId : int         │
│ –projectName : string    │
│ –projectDate : Date      │
│ –projectAttach : string  │
│ –deadLine : Date         │
│ –companyId : int         │
│ –stuType : int           │
├─────────────────────────┤
│ +setProjectId()          │
│ +getProjectId()          │
│ +setProjectName()        │
│ +getProjectName()        │
│ +setProjectDate()        │
│ +getProjectDate()        │
│ +setProjectAttach()      │
│ +getProjectAttach()      │
│ +setDeadline()           │
│ +getDeadline()           │
│ +setCompanyId()          │
│ +getCompanyId()          │
│ +setStuType()            │
│ +getStuType()            │
└─────────────────────────┘
```

```
┌─────────────────────────┐
│         管理员类         │
├─────────────────────────┤
│ –managerId : int         │
│ –managerName : string    │
│ –managerPwd : string     │
│ –managerType : int       │
│ –managerCollege : string │
├─────────────────────────┤
│ +setManagerId()          │
│ +getManagerId()          │
│ +setManagerName()        │
│ +getManagerName()        │
│ +setManagerPwd()         │
│ +getManagerPwd()         │
│ +setManagerType()        │
│ +getManagerType()        │
│ +setManagerCollege()     │
│ +getManagerCollege()     │
└─────────────────────────┘
```

图 12-3　管理员类

图 12-4　项目类

5. 优秀学生类

优秀学生类如图 12-5 所示。

6. 关注类

关注类如图 12-6 所示。

```
┌─────────────────────┐
│     优秀学生类      │
├─────────────────────┤
│ –id : int            │
│ –companyId : int     │
│ –stuid : int         │
├─────────────────────┤
│ +setId()             │
│ +getId()             │
│ +setCompanyId()      │
│ +getCompanyId()      │
│ +setStuid()          │
│ +getStuid()          │
└─────────────────────┘
```

```
┌─────────────────────┐
│       关注类        │
├─────────────────────┤
│ –attentionId : int   │
│ –stuid : int         │
│ –companyId : int     │
├─────────────────────┤
│ +setAttentionId()    │
│ +getAttentionId()    │
│ +setStuid()          │
│ +getStuid()          │
│ +setCompanyId()      │
│ +getCompanyId()      │
└─────────────────────┘
```

图 12-5　优秀学生类

图 12-6　关注类

7. 已提交项目类

已提交项目类如图 12-7 所示。

12.2.2 控制类细化

1. 登录管理类

登录管理类如图 12-8 所示，详情参见表 12-1 所示。

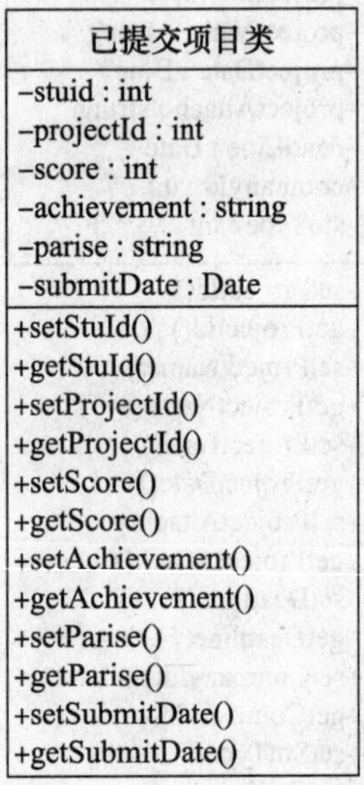

```
┌─────────────────────────┐
│       已提交项目类        │
├─────────────────────────┤
│ –stuid : int            │
│ –projectId : int        │
│ –score : int            │
│ –achievement : string   │
│ –parise : string        │
│ –submitDate : Date      │
├─────────────────────────┤
│ +setStuId()             │
│ +getStuId()             │
│ +setProjectId()         │
│ +getProjectId()         │
│ +setScore()             │
│ +getScore()             │
│ +setAchievement()       │
│ +getAchievement()       │
│ +setParise()            │
│ +getParise()            │
│ +setSubmitDate()        │
│ +getSubmitDate()        │
└─────────────────────────┘
```

```
┌─────────────────────────┐
│        登录管理类         │
├─────────────────────────┤
│ –student : Student      │
│ –manager : Manager      │
│ –company : Company      │
├─────────────────────────┤
│ +login() : <未指定>     │
│ +setStudent()           │
│ +getStudent()           │
│ +setManager()           │
│ +getManager()           │
│ +setCompany()           │
│ +getCompany()           │
└─────────────────────────┘
```

图 12-7 已提交项目类 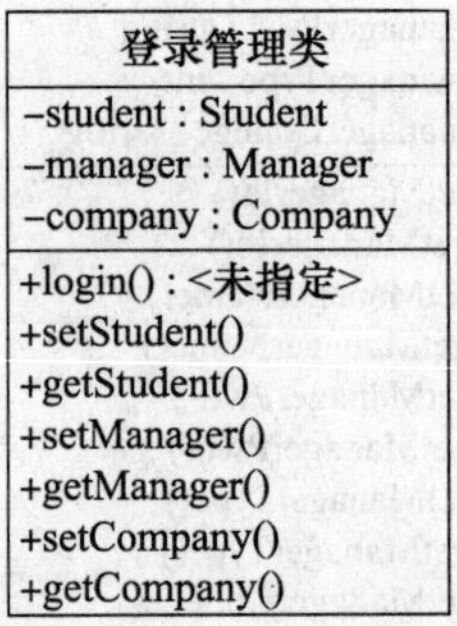　　　　　　图 12-8 登录管理类

表 12-1　登录管理详情

登录管理详情	
login()	根据不同角色创建不同的 bean

登录管理主要伪代码如下：

```
@Override
public String execute() throws Exception {
    User user = null;
    if(类型是 "student"){
        user = stuServices.query(userName);              // 根据用户名从数据库中获取用户
        If(user 不为空 && user 密码和输入密码相同 ){
            session. setAttribute("student", user);       // 将用户添加进 session
            登录到学生主页 ;
        }
    }else if(类型为 "manager"){
        user= managerServices.query(userName);
    If(user 不为空 &&  user 密码和输入密码相同 ){
            session. setAttribute("manager", user);
            登录到管理员主页 ;
        }
    }else{
        user = companyServices.query(userName);
        If(user 不为空 &&  user 密码和输入密码相同 ){
                session. setAttribute("company", user);
```

```
        登录到企业主页；
    }
}
returnuser == null ? "notExist" : "userNameOrPwdError";   //查询到的用户为空，则用户不存在，
                                                          否则用户名或密码错误
}
```

2. 管理员信息控制类

管理员信息控制类如图 12-9 所示，详情参见表 12-2 所示。

管理员信息处理类
–student : 学生信息类 –manager : 管理员类 –company : 企业类
+addStu() +updateStuInfo() +showStus() +deleteStu() +addCompany() +showCompanys() +showcompany() +deleteCompany() +addManager() +showManagers() +showManager() +deleteManager() +updateManager()

图 12-9　管理员信息控制类

表 12-2　管理员控制类详情

管理员控制类详情	
addStu(Student student)	添加学生
updateStuInfo(Student student)	更新学生信息
showStus()	查询所有学生
showStu(int id)	查看某个学生信息
deleteStu(int id)	删除学生信息
addCompany(Company company)	添加企业
showCompanys()	查看所有企业
showCompany(int id)	查看某个企业
deleteCompany(int id)	删除企业
addManager(Manager manager)	添加管理员
showManagers()	查看所有管理员
showManger(int id)	查看某个管理员
deleteManager(int id)	删除管理员
updateManager(Manager manager)	更新管理员信息

以添加学生为例，其伪代码如下：

```
public String addStu(Student student){
    Manager manager = session.getAttribute("mananger");  //从 session 中获取当前管理员
    boolean result = managerService.add(manager, student);//将管理员和学生信息添加到数据库
    return result ? SUCCESS: ERROR;
}
```

3. 学生信息处理类

学生信息处理类如图 12-10 所示，详情参见表 12-3 所示。

学生信息处理类
−student : Student
−project : Project
+showInfo()
+updateInfo()
+showProjects()
+showProject()
+submitProject()
+showSubmitedPros()
+showParise()
+showCompanys()
+concernCompany()
+cancelConcern()
+showConcerned()

图 12-10 学生信息处理类

表 12-3 学生信息控制类详情

学生信息控制类详情	
showInfo()	显示个人信息
updateInfo(Student student)	更新个人信息
showProjects()	查询所有项目
showProject（int id）	查看项目
submitProject(Project project)	提交项目
showSubmitedPros()	显示已提交项目
showParise(id)	查看项目评价
concernCompany(int companyID)	关注企业
showCompanys()	查看所有企业
cancelConcern(int id)	取消关注
showConcerned()	显示已关注

以显示个人信息和取消关注为例，其伪代码如下：

```
public User showInfo(){
    User currUser = session.getAttribute("user");          // 从 session 中获取当前学生信息
    return user;
}
Public cancleConcern(int id){
    User currUser = session.getAttribute("user");
    boolean result = stuServices.cancelConcern(user, id);  // 从数据库中将当前用户和某个
                                                           // 关注的企业删除

    return result ? SUCCESS: ERROR;
}
```

4. 企业信息处理类

企业信息处理类如图 12-11 所示，详情参见表 12-4。

企业信息处理类

-stuid : int
-company : Company
-project : Project

+showInfo()
+updateInfo()
+releaseProject()
+concernStudent()
+showResult()
+cancelConcern()
+showConcerned()

图 12-11 企业信息处理类

表 12-4 企业信息控制类详情

企业信息控制类详情	
showInfo(int id)	显示企业信息
updateInfo(Student student)	更新企业信息
releaseProjects()	发布项目
concernStudent(int studentID)	关注学生（该生即为优秀学生）
showResults()	查看所有结果
cancelConcern(int studentID)	取消关注
showConcerned()	显示已关注

12.2.3 边界类细化

边界类建模细化为如图 12-12 所示。

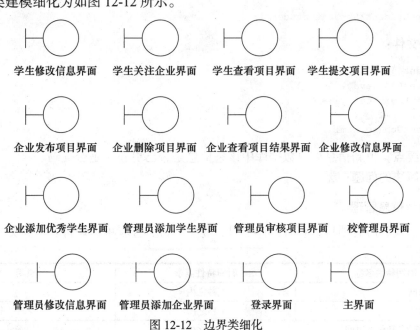

学生修改信息界面	学生关注企业界面	学生查看项目界面	学生提交项目界面
企业发布项目界面	企业删除项目界面	企业查看项目结果界面	企业修改信息界面
企业添加优秀学生界面	管理员添加学生界面	管理员审核项目界面	校管理员界面
管理员修改信息界面	管理员添加企业界面	登录界面	主界面

图 12-12 边界类细化

12.3 系统模块设计综述

本系统功能可以划分为 3 个子系统，分别是：学生信息管理系统、企业信息系统、管理员管理系统。学生信息管理系统包括：个人信息管理、项目信息管理、关注企业管理。

企业信息系统包括：企业信息管理、项目信息管理、关注管理。管理员管理系统包括：个人信息管理、学生信息管理、企业信息管理、管理员信息管理。

12.3.1 学生信息管理子系统

1. 个人信息管理

功能：学生可以更新个人信息，包括年级、专业等信息。

性能：

时间特性名称	时间特性要求	说明
响应时间	1 秒之内	
处理时间	1 秒之内	
数据的转换和传送时间	1 秒之内	

输入项：

名称	说明
项目附件	附件上传

输出项：

名称	说明
提交情况反馈	

接口：

```
updateStudent(Student student);
```

对应文件：

```
Student.java
StudentDAO.java
StudentServices.java
Student.xml
StudentUpdate.html
```

测试要点：更新信息后，数据库中该条信息是否已更新，是否乱码。

尚未解决的问题：无

2. 项目信息管理

功能：查看所有项目、查看具体项目、提交项目、查看项目评价。以提交项目为例。

性能：

时间特性名称	时间特性要求	说明
响应时间	1 秒之内	
处理时间	1 秒之内	
数据的转换和传送时间	1 秒之内	

输入项：

名称	说明
项目附件	附件上传

输出项：

名称	说明
提交情况反馈	

接口：

```
submitProject(int stuID, String path);
```

对应文件：

```
Project.java
ProjectDAO.java
ProjectServices.java
Project.xml
submitProject.html
```

测试要点：提交后，能否在正确的目录下找到提交的附件。

尚未解决的问题：无

3. 关注企业管理

功能：查看所有企业、查看某个企业、关注企业、取消关注。以关注企业为例。

性能：

时间特性名称	时间特性要求	说明
响应时间	1 秒之内	
处理时间	1 秒之内	
数据的转换和传送时间	1 秒之内	

输入项：

名称	说明
单击关注按钮	系统将学生和企业 id 存入关注表

输出项：

名称	说明
关注成功情况反馈	

接口：

```
insertConcern(int stuID, int companyID);
```

对应文件：

```
Attention.java
AttentionDAO.java
AttentionServices.java
Attention.xml
```

测试要点：提交后，数据库中能否正确找到该条记录。

尚未解决的问题：无

12.3.2　企业信息管理子系统

1. 企业信息管理

功能：查看企业信息、更新企业信息。以查看企业信息为例。

性能：

时间特性名称	时间特性要求	说明
响应时间	1 秒之内	
处理时间	1 秒之内	
数据的转换和传送时间	1 秒之内	

输入项：

名称	说明
单击信息按钮	

输出项：

名称	说明
企业名称	
企业登录密码	
企业介绍	
审核是否通过	是：通过。否：未通过

接口：

```
queryInfo(int companyID);
```

对应文件：

```
Company.java
CompanyDAO.java
CompanyServices.java
Company.xml
CompanyInfo.html
```

测试要点：页面显示是否正常，是否有乱码。

尚未解决的问题：无

2. 项目信息管理

功能：发布项目、查看结果、评价、删除项目。以删除项目为例。

性能：

时间特性名称	时间特性要求	说明
响应时间	2 秒之内	
处理时间	1 秒之内	
数据的转换和传送时间	1 秒之内	

输入项:

名称	说明
单击项目删除按钮	系统将该项目从项目表中删除

输出项:

名称	说明
删除情况反馈	

接口:

```
deleteProject(int projectID);
```

对应文件:

```
Project.java
ProjectDAO.java
ProjectServices.java
Project.xml
deleteProject.html
```

测试要点: 数据库中该条记录是否被正确删除。

尚未解决的问题: 无

3. 关注管理

功能: 查看已关注学生、取消关注。以关注某学生为例。

性能:

时间特性名称	时间特性要求	说明
响应时间	1 秒之内	
处理时间	1 秒之内	
数据的转换和传送时间	1 秒之内	

输入项:

名称	说明
单击学生所在行后面的关注按钮	系统将该企业和该学生 id 存入关注表

输出项:

名称	说明
关注情况情况反馈	

接口:

```
concernStudent(int companyID, int studentID);
```

对应文件:

```
GoodStudent.java
GoodStudentDAO.java
GoodStudentServices.java
GoodStudent.xml
ConcernStudent.html
```

测试要点：数据库中该条记录是否被正确添加。

尚未解决的问题：无

12.3.3　管理员管理子系统

1. 个人信息管理

功能：查看管理员信息、更新管理员信息。以查看个人信息为例。

性能：

时间特性名称	时间特性要求	说明
响应时间	1 秒之内	
处理时间	1 秒之内	
数据的转换和传送时间	1 秒之内	

输入项：

名称	说明
单击个人信息按钮	

输出项：

名称	说明
管理员登录名	
登录密码	
管理员类型	院管理员校管理员
学院名称	校管理员为空

接口：

```
queryInfo(int managerID);
```

对应文件：

```
Manager.java
ManagerDAO.java
ManagerServices.java
Manager.xml
ManagerInfo.html
```

测试要点：页面是否会乱码。

尚未解决的问题：无

2. 学生信息管理

功能：查看所有学生、添加学生、删除某个学生。以添加学生为例。

性能：

时间特性名称	时间特性要求	说明
响应时间	1 秒之内	
处理时间	1 秒之内	
数据的转换和传送时间	1 秒之内	

输入项:

名称	说明
学号	数字
名称	可不填
密码	初始化与学号相同
性别	可不填
专业	可不填
建立审核	初始化为不通过

输出项:

名称	说明
添加是否成功	

接口:

```
insertStudent(Student student);
```

对应文件:

```
Student.java
StudentDAO.java
StudentServices.java
Student.xml
AddStudent.html
```

测试要点: 数据库中是否正确添加,是否乱码。

尚未解决的问题: 无

3. 企业信息管理

功能: 查看所有企业、添加企业、删除某个企业。以删除企业为例。

性能:

时间特性名称	时间特性要求	说明
响应时间	1 秒之内	
处理时间	1 秒之内	
数据的转换和传送时间	1 秒之内	

输入项:

名称	说明
单击企业所在行删除按钮	

输出项:

名称	说明
所有企业	重新查询数据库

接口:

```
deleteCompany(int companyID);
```

对应文件:

```
company.java
companyDAO.java
companyServices.java
company.xml
deleteCompany.html
```

测试要点: 该条记录是否被正确删除。
尚未解决的问题: 无

4. 管理员信息管理

功能: 查看所有管理员、删除某个管理员。以删除管理员为例。
性能:

时间特性名称	时间特性要求	说明
响应时间	1 秒之内	
处理时间	1 秒之内	
数据的转换和传送时间	1 秒之内	

输入项:

名称	说明
单击管理员所在行删除按钮	

输出项:

名称	说明
所有管理员列表	重新查询数据库

接口:

```
deleteManager(int managerID);
```

对应文件:

```
company.java
companyDAO.java
companyServices.java
company.xml
deleteManager.html
```

测试要点: 该条记录是否被正确删除。
尚未解决的问题: 无

12.4 用户界面设计

12.4.1 登录主界面

用户根据不同角色登入系统,角色有四类,第一种是企业,第二种是学生,第三种是学校管理员,第四种是学院管理员。登录主界面如图 12-13 所示。

12.4.2 企业登录界面

企业登录界面如图 12-14 所示。

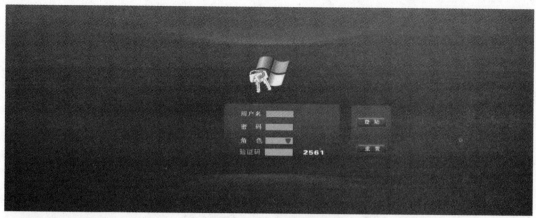

图 12-13　登录主界面

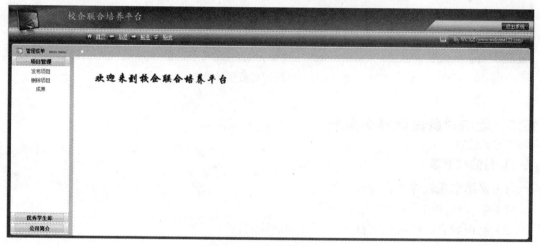

图 12-14　企业登录界面

12.4.3　学生登录界面

学生登录界面如图 12-15 所示。

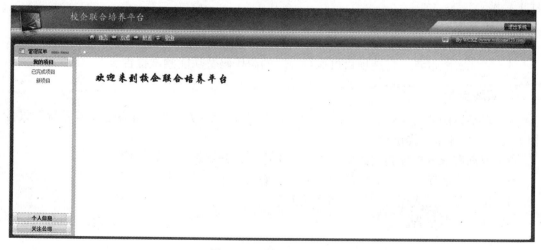

图 12-15　学生登录界面

12.4.4　学校管理员登录界面

学校管理员登录界面如图 12-16 所示。

图 12-16　学校管理员登录界面

12.5　面向对象设计提高实践

1. 目的和要求

1）熟练掌握软件工程设计方法。

2）掌握软件项目管理过程管理。

3）意识到有好的编程实践和编程标准的重要性。

4）掌握项目的黑盒测试。

2. 实践内容

1）对提供的"基于 Web 方式的校企联合培养系统"的类图、顺序图进行评审，提出评审意见。

2）结合应用实际，完成自选项目的需求分析。

3）利用 Microsoft Project 工具完成项目管理计划的制定。

4）完成实践报告、自选项目可执行程序的源代码及功能测试报告。

3. 实践步骤

1）以项目团队为单位，学习本章提供的"基于 Web 方式的校企联合培养系统"设计相关文档进行评审，提出评审意见。

2）根据需求分析提高实践中获得的规格说明，开展软件设计工作。

3）项目团队完成一份完整的设计文档的编制工作。

4）按照分工完成项目的编程和测试工作。

5）提交实践报告。

4. 评价标准

实践内容第 1 题：评审意见合理，并提供了正确的问题描述，可以获得 12 ~ 15 分；没有回答，或者回答问题明显失实给 9 分以下。

实践内容第 2 题：根据对系统设计是否符合项目实际，文档是否符合规格说明来确定分数高低。对知识点掌握正确的可以得 75 分；描述简单，给 65 ~ 74 分；错误不多，给 50 ~ 64 分；没有完成项目系统分析要求，并含有较多错误的，给 50 分以下。

实践内容第 3 题：根据功能测试结果与用户需求是否一致性，及编码是否注意编程风格来确定分数高低。最高可以得到 10 分，与项目需求基本一致且编程风格较好给 6 ~ 9 分，与项目需求不符合的给 5 分以下。

附录 GB/T 8567—2006《计算机软件文档编制规范》面向对象分析文档节选

附录 A(规范性附录) 面向对象软件的文档编制

A.3 用例图文档

A.3.1 图形文档

即所绘制的用例图。

A.3.2 文字说明

用例图文档由以下部分组成：用例图综述、参与者描述、用例描述、用例图中元素间的关系描述和其他与用例图有关的说明。

A.3.2.1 用例图综述

从总体上阐述整个用例图的目的、结构、功能以及组织。以文字描述文档所包含的部分。

A.3.2.2 参与者描述

列出一个用例图中的每个参与者的名称，可按字母顺序或其他某种有规律的次序排列。必要时要对参与者附有必要的文字说明，也可以说明它所涉及的用例和交互图的名称。

A.3.2.3 用例描述

对于一个用例图中的每个用例，记录如下的信息。要按某种顺序排列它们。

a) 名称

每个用例有一个在图内唯一的名字，并且该名字要反映出它所描述的功能。书写位置是在用例描述的第一行。

b) 行为描述

用自然语言分别描述参与者的行为和系统行为，建议把参与者的行为靠左对齐书写，把系统行为靠较右的位置对齐书写。

在描述较复杂的含有循环或条件分支的行为时，可使用一些结构化编程语言的控制语句，如 while、for、if-then-else 等。

当要表明控制语句的作用范围时，可使用括号，如 { 、} 或 begin、end 等，也可以使用标号，以便更清楚地表示控制走向。

如有必要，可使用顺序图、状态图或协作图描述参与者的行为和系统行为。

c) 用例图中元素间的关系描述产生一份描述用例图中的参与者与用例间、用例间以及参与者间关系的文字性描述文档。具体地由下面几部分构成：

　　1) 关系的名称；

　　2) 关系的类型：关联、泛化、包含、扩展；

　　3) 关系所涉及的类目：对关系所连接的类目应指明名称和类型(参与者或用例)。

d）其他与用例图有关的说明与该用例图有关的但上面文档中没有涉及的其他信息的描述。

A.4　类图文档

A.4.1　图形文档

即所绘制的类图。

A.4.2　文字说明

文字描述由以下部分组成：类图综述、类描述、关联描述、泛化描述、依赖描述和其他与类图有关的说明。在实际使用时，这些部分是可选的。

A.4.2.1　类图综述

从总体上阐述整个类图的目的、结构、功能及组织。以文字描述文档所包含的部分。

A.4.2.2　类描述

类描述包括类整体说明、属性说明、服务说明、关联说明、泛化说明、依赖说明及其他说明。

a）类的整体说明

对整个类及其对象的情况加以说明，内容包括：

  1）类名：应是中文名或英文名；
  2）解释：对类的责任的文字描述；
  3）一般类：描述该类是从那些类泛化而来的；
  4）状态转换图：描述该类的实例的状态图的名称列表；
  5）主动性：有无主动性；
  6）永久性：有无永久性；
  7）引用情况：若此类为其他类图所定义，则要标明它所属于的类图；若此类被其他类图引用，则标明所引用的类图；
  8）多重性
  9）其他：是否有特别的数据完整性或安全性要求等。

b）属性说明

逐个地说明类的属性。每个属性的详细说明包括以下内容：

  1）属性名：中文属性名或英文属性名；
  2）多重性：该属性的多重性；
  3）解释：该属性的作用；
  4）数据类型；
  5）聚合关系：如果这个属性的作用是为了表明聚合关系，则在这里说明这种关系；
  6）组合关系：如果这个属性的作用是为了表明组合关系，则在这里说明这种关系；
  7）关联关系：如果这个属性是为了实现该类的对象和其他对象之间的链而设置的，则在这里明确地说明这一点；
  8）实现要求：该属性的取值范围、精度、初始值及其他描述。

c）服务说明

逐个地说明类中的每个服务。每个服务的详细说明包括以下内容：

  1）服务名：中文服务名或英文服务名；

2）主动性：有无主动性；

3）多态性：有无多态性；

4）解释：该服务的作用；

5）服务的活动图：详细描述活动具体细节的活动图的名称列表；

6）约束条件及其他：若该服务的执行有前置条件、后置条件或执行时间的要求等其他需要说明的事项，则在此说明。

d）关联

描述该类所涉及的所有的关联。每个与该类相关的关联可有关联名。

e）泛化

描述该类所涉及的所有的泛化。每个与该类相关的关联可有泛化名。

f）依赖

描述该类所涉及的所有依赖。每个与该类相关的依赖可有依赖名。

A.4.2.3 关联描述

类图中的每一关联都应有如下的描述：

a）关联名称：中文关联名或英文关联名；

b）关联的类型：应是一般二元关联、聚合、组合、多元关联、自关联、限定关联、导出关联、其他关联；

c）关联所连接的类：按照一定顺序列举出关联所连接的类；

d）关联端点：对每一个关联端点描述如下：

1）导航性：是否有导航性；

2）排序：是否排序；

3）聚合：是否有聚合，如果有，则要指明是聚合还是组合；

4）多重性；

5）可变性：应是无、只增加、冻结；

6）角色：角色名用中文名和英文名表示均可；

7）可见性：用 +、−、# 表示；

8）接口说明符。

A.4.2.4 泛化描述

类图中的每一个泛化都有如下的描述：

a）泛化关系中的父类；

b）泛化关系中的子类；

c）泛化关系中的区分器；

d）泛化关系中的限制符：应是完全、不完全、重叠和不相交。

A.4.2.5 依赖描述

类图中的每一个依赖都有如下的描述：

a）依赖名称，

b）依赖所涉及的类的名称；

c）依赖的类型；

d）依赖的附加说明。

A.4.2.6 其他描述文档

与该类图有关的但上面文档中没有涉及的其他信息的描述。

A.5 顺序图文档

A.5.1 图形文档

即所绘制的顺序图。

A.5.2 文字说明

顺序图的文字说明文档应包含：顺序图综述、顺序图中的对象与参与者描述、对象接收/发送信息的描述和其他与顺序图有关的说明。

A.5.2.1 顺序图综述

从总体上描述该顺序图的目的，以及所涉及的对象和参与者。

A.5.2.2 顺序图中的对象与参与者描述

对顺序图中的所有的对象和参与者，依次进行如下的描述：

a）对象类型：是参与者还是类；

b）对象名称；

c）是否为主动对象：是或否，此描述针对对象而言，对于参与者不应有此描述；

d）其他与对象或参与者有关的信息．

A.5.2.3 对象接收发送消息的描述

对顺序图中的每一个对象或参与者，详细地描述其接收/发送消息的类型、时序及与其他消息之间的触发关系。对每一个对象和参与者应按照时间顺序分别列出该对象或参与者所接收/发送的全部消息。对每一条消息应包含下面的内容：

a）消息名称；

b）是发送消息还是接受消息；

c）消息类型；

d）若为接收消息，应列出该消息所直接触发的消息的名称列表；

e）是否为自接收消息；

f）消息的发送对象名称；

g）消息的接收对象名称。

A.5.2.4 其他与顺序图有关的说明

与顺序图有关的补充信息。

A.6 协作图文档

A.6.1 图形文档

即所绘制的协作图。

A.6.2 文字说明

协作图的文字说明应包含下列部分：协作图综述、协作图中的对象或角色描述、对象或角色接收/发送消息的描述、对象或角色间的链描述和其他与协作图有关的说明。

A.6.2.1 协作图综述

从总体上描述该协作图的目的以及其所涉及的对象或类元角色。

A.6.2.2 协作图中的对象或角色描述

对协作图中的所有类元角色或对象，依次列出下面的各项：

a）名称；

b）类型：类元角色或对象；

c）是否为主动对象或角色：是或否；

d）其他与类元对象有关的信息。

A.6.2.3　对象或角色接收/发送消息的描述

对协作图中的每一个类目角色或实例，详细地描述其接收/发送消息的类型及时序，以及与其他消息的触发关系。每一类目角色或实例应有下列描述：

a）对象或角色名称；

b）列出该对象所接收/发送的全部消息流，对每一条消息应包含下面的信息：

　　1）消息名称；

　　2）消息的格式：参见概念和表示法部分；

　　3）是发送消息还是接收消息；

　　4）消息类型；

　　5）若为接收消息应列出该消息所直接触发的消息序列；

　　6）是否为自接收消息；

　　7）消息的发送类目角色或实例；

　　8）消息的接收类目角色或实例。

A.6.2.4　对象或角色间的链描述

对象间或角色间的链应由下面的成分构成：

a）链名称；

b）链所连接的角色或对象的名称；

c）链上的角色名，每个角色应包含下列信息：

　　1）角色名：中文名或英文名；

　　2）可见性：+、- 或 # ；

　　3）特殊的衍型 Global，Local，Parameter，Self，Vote，Broadcast；

d）其他与链有关的信息。

A.6.2.5　其他与协作图有关的说明

与协作图有关的补充信息。

A.7　状态图文档

A.7.1　图形文档

即所绘制的状态图。

A.7.2　文字说明

状态图的文字说明应包含：状态图综述、状态图的状态描述、状态图的转换描述和其他与状态图有关的说明。

A.7.2.1　状态图综述

从总体上，该状态图描述一个对象在外部激励的作用下进行的状态变迁、所涉及的状态和转换以及设置该状态图的目的等。

A.7.2.2　状态图的状态描述

描述一个状态图的所有的状态，对每一个具体状态应包括以下各项：

a）状态的名称：中文名或英文名；

b）状态的类型：简单状态，并发组合状态，顺序组合状态，子状态，初始伪状态，终状态，结合状态，历史状态，引用状态，桩状态，同步状态；

c）入口动作；

d）出口动作；

e）内部转换：由一系列的内部转换项组成。每个内部转换项有下列格式：动作标号 /
动作表达式；

f）若为组合状态应列举出其所包含的子状态；

g）其他与该状态有关的信息。

A.7.2.3 状态图的转换描述

本文档用来描述一个状态图的所有的状态转换，每一个具体转换应包括以下各项：

a）转换的源状态；

b）转换的目标状态；

c）转换串：事件特征标记'['监护条件']''/'动作表达式；

d）转换中的分支：同步条、结合点、动态选择点。

A.7.2.4 其他与状态图有关的说明

与状态图有关的补充信息。

A.8 活动图文档

A.8.1 图形文档

即所绘制的活动图。

A.8.2 文字说明

活动图的文字说明包含：活动图综述、活动图中的动作状态描述、活动图中的转换描
述和其他与活动图有关的说明。

A.8.2.1 活动图综述

从总体上，活动图描述一个对象的一个操作的活动序列，或者是多个对象为完成某一
目的而进行的协作所涉及的活动序列，以及设置该活动图的目的等。若活动图用于描述系
统的其他目的，也按本格式描述。

A.8.2.2 活动图中的动作状态描述

本文档用来描述一个活动图的所有的动作状态，每个具体动作状态包括以下内容：

a）名称：中文名或英文名；

b）类型：一般动作状态，子动作状态，信号发送，信号接收，初始伪动作状态，终
动作状态，历史状态；

c）入口转换；

d）出口转换；

e）活动伪码；

f）其他与该状态有关的信息。

A.8.2.3 活动图中的转换描述

本文档用来描述一个活动图的所有的转换，每一个具体转换包括以下内容：

a）转换的名称；

b）源动作状杰：

c）终动作状态；

d）转换中的分支：包括分叉、同步条、决策和合并；

e）转换中的控制分支：包括控制分叉的名称、与分叉相连的入口和出口元素的名称。

A.8.2.4　其他与状态图有关的说明

与状态图有关的补充信息，如泳道的划分、对象流、信号发送和信号接收等信息。

A.9　构件图文档

A.9.1　图形文档

即所绘制的构件图。

A.9.2　文字说明

构件图的文字说明文档包含：构件图综述、构件巴中的构件描述、构件图中的关系描述和其他与构件图有关的说明。

A.9.2.1　构件图的综述

从总体上，构件图描述构件间的依赖关系、设置该构件图的目的等．

A.9.2.2　构件图中的构件描述

构件图中的每一个构件包含下列描述：

a）构件名称；

b）构件的接口；

c）构件所涉及的关系；

d）在逻辑上构件所实现的类；

e）构件的类型。

A.9.2.3　构件图中的关系描述

a）关系的名称；

b）关系的起始构件的名称；

c）关系的结束构件的名称；

d）关系的类型：实现依赖、使用依赖或其他依赖。

A.9.2.4　其他与构件图有关的说明

其他与构件图有关的信息。

A.10　部署图文档

A.10.1　图形文档

即所绘制的部署图。

A.10.2　文字说明

部署图的文字说明文档包含：部署图综述、部署图中的节点描述、部署图中的关系描述和其他与部署图有关的说明。

A.10.2.1　部署图综述

从总体上描述部署图的目的以及节点之间的相互关系等。

A.10.2.2　部署图中的节点描述

对部署图中的每一个节点包含下列描述：

a）节点名称；

b）节点中的构件实例；

c）节点所涉及的链的名称；

d）节点的类型。

A.10.2.3 部署图中的关系描述

a）关系的名称；

b）关系的起始节点（或构件）的名称；

c）关系的结束节点（或构件）的名称；

d）关系的类型：实现依赖、使用依赖、其他依赖或通讯链。

A.10.2.4 其他与部署图有关的说明

其他与部署图有关的信息。

A.11 包图文档

为了管理模型的信息组织的复杂性，在比较复杂的模型中，通常将关系联系比较密切的图形元素划分到一个包里面。

A.11.1 图形文档

即所绘制的包图。

A.11.2 文字说明

包图的文字说明文档包含：包图的综述、包图中的包描述和其他与包图有关的说明。

A.11.2.1 包图的综述

从总体上描述包图的名称、目的以及与其他包的相互关系等。

A.11.2.2 包图中的包描述

包图中的每一个包包含下列描述：

a）包的名称；

b）包的种类：类包、用例包或其他；

c）详细描述该包所包含的建模元素所在的文档；

d）与该包有关系的其他包，应包括如下信息：

    1）包的名称；

    2）与该包的关系：依赖（访问）、泛化，要注明方向性。

A.11.2.3 其他与包图有关的说明

其他与包图有关的信息。

参 考 文 献

［1］ 陈冠雄，肖华，胡振，等 . 立足用户满意度的公共自行车信息服务系统及调度配送方法［J］. 现代电子技术，2013，36（5）：163-166，170.

［2］ Stephen R Schach. 软件工程：面向对象和传统的方法（原书第 8 版）［M］. 邓迎春，韩松，等译 . 北京：机械工业出版社，2012.

［3］ 窦万峰，等 . 软件工程方法与实践［M］. 北京：机械工业出版社，2009.

［4］ 中华人民共和国国家质量监督检验检疫总局 . 中国国家标准化管理委员会 . GB/T 8567—2006. 计算机软件文档编制规范［S］. 北京：中国标准出版社，2006.